土木工程科技创新与发展研究前沿丛书

钢筋混凝土框架结构
减隔震计算实例分析

王廷彦　汪志昊　著

中国建筑工业出版社

图书在版编目（CIP）数据

钢筋混凝土框架结构减隔震计算实例分析 / 王廷彦，
汪志昊著. — 北京：中国建筑工业出版社，2021.10
（土木工程科技创新与发展研究前沿丛书）
ISBN 978-7-112-26533-6

Ⅰ. ①钢… Ⅱ. ①王… ②汪… Ⅲ. ①钢筋混凝土框
架-框架结构-抗震性能-计算方法 Ⅳ. ①TU375.4

中国版本图书馆 CIP 数据核字（2021）第 176751 号

本书综述了国内外结构减隔震技术的最新研究现状，总结了适合钢筋混凝土
框架结构的抗震设计计算方法、隔震设计计算方法、消能减震设计计算方法。通
过对某五层钢筋混凝土框架结构进行抗震、隔震和消能减震（黏滞阻尼器和 BRB
支撑）设计与计算，获得了抗震结构、隔震结构和减震结构的动力特性、地震反
应、地震能量、附加阻尼比等计算结果，通过对这些计算结果进行综合对比分析，
以定量数据形式清楚地展示了建筑结构抗震、隔震、消能减震的基本工作原理、
区别和联系，便于科研人员、高校学生和工程设计人员理解和掌握。

责任编辑：仕　帅　王　跃
责任校对：王　烨

土木工程科技创新与发展研究前沿丛书
钢筋混凝土框架结构减隔震计算实例分析
王廷彦　汪志昊　著

＊

中国建筑工业出版社出版、发行（北京海淀三里河路 9 号）
各地新华书店、建筑书店经销
北京鸿文瀚海文化传媒有限公司制版
北京京华铭诚工贸有限公司印刷

＊

开本：787 毫米×960 毫米　1/16　印张：10½　字数：209 千字
2021 年 12 月第一版　　2021 年 12 月第一次印刷
定价：**38.00** 元
ISBN 978-7-112-26533-6
（38087）

▪ 前　　言 ▪

2021 年 5 月 12 日国务院常务会议通过《建设工程抗震管理条例（草案）》（以下简称《条例》），标志着国内减隔震行业在国家政策层面正式由鼓励性向强制性转变，减隔震技术将成为我国建筑行业刚需。《条例》明确了建设工程抗震设防达标要求，对于位于高烈度设防地区、地震重点监视防御区的公共建筑应当采用隔震减震技术，保证发生本区域设防地震时不丧失建筑功能，同时鼓励应用隔震减震技术提高结构抗震性能，强化监管，确保工程质量，保障人民生命财产安全。

无论从国家层面还是行业层面，结构减隔震技术应用都将越来越广泛、深入，系统学习减隔震设计的需求在不断增加。为了帮助广大土木工程专业本科生或研究生尽快掌握和理解隔震、减震基本原理，帮助工程设计人员学习和全面掌握建筑抗震和隔震设计关键技术和设计方法，本书以某五层钢筋混凝土框架结构为计算实例，分别对其进行传统抗震、隔震和减震的计算分析，通过定量数据对比研究更加直观地阐明抗震、隔震和减震的区别与联系，便于学生理解和掌握隔震、减震的基本原理，也便于工程设计人员迅速掌握计算分析与设计方法。

本书总结了目前结构减隔震技术的国内外研究现状，总结了钢筋混凝土框架结构的抗震设计与计算方法、隔震设计与计算方法、消能减震设计与计算方法。对同一个五层钢筋混凝土框架结构分别进行抗震、隔震和消能减震（黏滞阻尼器和 BRB 支撑）设计与计算，主要研究内容有：不同直径的橡胶隔震支座对结构的隔震性能影响分析；布置位置和阻尼指数不同的黏滞阻尼器对结构减震性能的影响分析；布置位置和安装方式不同的 BRB 支撑阻尼器对结构的减震性能影响分析；分析了抗震结构、隔震结构和消能减震结构的动力特性、地震反应、地震能量、附加阻尼比等指标的不同，得出了相应的定量结果和定性结论。

本书由华北水利水电大学王廷彦博士和汪志昊教授共同编写，其中第 1 章由汪志昊教授执笔，其余各章由王廷彦博士执笔，最后由汪志昊教授统稿。硕士研究生周宇翔、刘洋、张静雯、程志鹏参与了本书算例数据整理与绘图等工作。

本书研究与出版得到了国家自然科学基金项目（51878274）、河南省虚拟仿真实验教学项目"钢筋混凝土框架结构减隔震设计分析虚拟仿真实验"、华北水利水电大学虚拟仿真实验一流课程"钢筋混凝土框架结构减隔震设计虚拟仿真实验"的支持，在此表示衷心感谢。

由于水平所限，书中难免有不妥和需要改进之处，热诚期望各位专家与读者批评指正。

编者
2021 年 8 月

▪ 目　　录 ▪

第 1 章

结构减隔震技术概述

1.1　结构振动控制

自 1972 年提出结构振动控制概念[1] 以来，结构振动控制理论与技术在过去 50 年里得到了长足的发展[2-3]。结构振动控制按照是否需要外界能量输入可分为被动控制、主动控制、半主动控制和混合控制四类。

1.1.1　被动控制

被动控制也可称为无源控制，其既不需要外界提供能量，也不会向结构输入能量。被动控制具有构造简单、成本低和后期易于维护调节等优点，是目前应用最为成熟的减震（振）措施，其形式主要可分为：基础隔震、耗能减震（振）与吸能减震（振）等。

1. 基础隔震

基础隔震是在上部结构与基础之间设置附加的水平柔性层，从而减小或隔离地震对上部结构的能量输入。2021 年 9 月 1 日起实施的《建筑隔震设计标准》GB/T 51408—2021[4]，是我国第一部建筑隔震技术国家标准，标志着我国建筑结构隔震技术的全面发展成熟。

2. 耗能减震

耗能减震是在结构内部某些相对变形较大的部位安装耗能元件，通过该元件被动地消耗结构的振动能量，可有效地克服传统抗震结构延性构件损坏后修复难的缺点。随着《建筑消能减震技术规程》JGJ 297—2013[5] 等一系列规范标准的发布实施，该技术在既有建筑结构抗震加固、新建建筑结构的消能减震设计等方面得到了广泛应用。

3. 吸能减震

吸能减震是在主体结构上附加一个由质量、刚度和阻尼组成的子结构，且该子结构的自振频率与主结构的基本频率或激振频率接近，当主结构受到外界激励作用时，子结构将产生与主结构振动方向相反的惯性力，从而减小主结构的振动响应[6]。其具体形式有调谐（频）质量阻尼器（TMD）、调谐（频）液体阻尼器（TLD）与调谐

（频）液柱阻尼器（TLCD）等。目前吸能减震技术主要集中在结构人致振动控制、结构风致振动控制等领域，其在结构减震领域的研究及应用则相对较少[7]。

1.1.2　主动控制

主动控制是在有外界能源供给情况下，基于结构控制模型、传感器测量信息及特定的主动控制算法，驱动主动控制系统对结构施加实时主动控制力。主动控制装置主要分为以下两大类：主动斜撑（ABS）或主动锚索（ATS）、主动质量阻尼器（AMD）。出于对系统可靠性的担忧以及受能耗过大的制约，ABS与ATS仍停留在实验室探索阶段；AMD系统主要由质量块和主动控制作动器构成，通过施加与结构振动反相位的惯性力实现对结构的振动控制，1989年日本Kajima公司完成了世界第一例AMD振动控制系统，用于控制建筑结构在风和中等地震作用下的动力响应[8]。

1.1.3　半主动控制

主动控制虽然控制效果较好，但其需要额外的大量能源供给，一方面难以实现，另一方面成本也偏高。半主动控制装置通过实时地跟踪主动控制力，尝试以较小的能量输入实现接近主动控制的减震效果[9]。代表性的半主动控制系统包括可变阻尼系统、可变刚度系统以及可控（电流变或磁流变）液体阻尼控制系统，其中可控阻尼控制成为近年来的研究与应用热点[10]。

1.1.4　混合控制

混合控制通过组合不同的控制方法或控制装置，以充分发挥各自的优点。常见的有基础隔震与附加阻尼器的混合，被动耗能阻尼器与动力吸振器的结合，变阻尼或变刚度阻尼器与TMD的结合等[11]。混合质量阻尼器（HMD）作为混合控制的典型形式之一，其主要由TMD与主动控制作动器组合而成。一方面，HMD具有相对较好的可靠性，当主动控制失效时，TMD仍然能在一定程度上发挥作用。另一方面，与主动控制相比，混合控制只需要较小的控制力，便可实现更优的减震效果。HMD已成功应用于广州电视塔的风致振动控制[2]，当风速较小时，仅TMD参与工作；而当风速较大时，AMD则与TMD协同工作。

1.2　结构隔震

1.2.1　基础隔震

基础隔震是将隔震层设置在建筑的基础和上部结构之间，以阻隔地震能量向上部结构传递。如图 1-1 所示，四川芦山县医院门诊楼是我国首幢经过强震考验的隔震建筑，其在"4.20"雅安地震中整体结构保持完好，与该医院医务楼的严重震害形成了鲜明对比[12]。该事实再次印证了隔震技术可显著提高结构抗震性能，在一定程度上助推了减隔震技术政策的出台，如《住房和城乡建设部关于房屋建筑工程推广应用减隔震技术的若干意见（暂行）》（建质〔2014〕25 号）。

(a)　　　　　　　　　　　　　　　　　　(b)

图 1-1　四川芦山县医院门诊楼与医务楼震后对比图[12]

(a) 芦山县医院门诊楼；(b) 芦山县医院医务楼

1.2.2　层间隔震

层间隔震[13]结构是在基础隔震结构的工程实践中发展起来的一种新型结构体系，层间隔震是将隔震层设置在建筑的上部结构之间，其对于结构竖向不规则、结构增层以及震振双控等具有更好的适用性。层间隔震技术在我国典型工程应用有[14]：汕头博物馆、北京通惠家园等。

1.3　结构耗能减震

1.3.1　速度型阻尼器

速度型阻尼器的耗能能力与阻尼器两端的相对速度相关，如黏滞阻尼器和黏弹性阻尼器等。速度型阻尼器的耗能原理[15]和应用进展[16]如表 1-1 所示。

速度型阻尼器[15][16]　　　　　　　　　　　　　　　表 1-1

类型	原理	应用进展
黏滞阻尼器	通过高黏性的液体带动活塞或平板运动耗能	周云等研发了一种新型黏滞阻尼器，该阻尼器性能稳定（图 1-2）；黄政等研发了阻尼叠加型黏滞阻尼器，其改善了黏滞阻尼器在工作速度较低时的性能（图 1-3）

续表

类型	原理	应用进展
黏弹性阻尼器	通过黏弹性材料的剪切变形耗能	日本住友合橡胶公司研发了一种高阻尼黏弹性阻尼器，可使疲劳性得到显著提升（图1-4）；周云等提出一种扇形铅黏弹性阻尼器，阻尼器可直接安装在结构框架柱与梁之间，且体积小，不影响空间使用（图1-5）

由同济大学、哈尔滨工业大学牵头制订的中国工程建设标准化协会标准《承载-消能减震技术规程》（已完成征求意见稿），提出了承载-消能构件与承载-多级消能构件等新概念以及承载-消能减震结构新体系，必将引领耗能减震结构的新发展趋势。

图 1-2　新型黏滞阻尼器

图 1-3　阻尼叠加型黏滞阻尼器

图 1-4　高阻尼黏弹性阻尼器

图 1-5　扇形铅黏弹性阻尼器

1.3.2　位移型阻尼器

位移型阻尼器的耗能能力与阻尼器两端的相对位移相关，如金属阻尼器、屈曲约束支撑 BRB、摩擦阻尼器等。位移型阻尼器的耗能原理[15] 和研究应用进展如表 1-2 所示。

位移型阻尼器[15]   表 1-2

类型		原理	应用进展
金属阻尼器	软钢阻尼器	与主体结构相比，软钢阻尼器能较早地进入屈服，利用屈服后的塑性变形和滞回性能来耗散地震能量	陈云松等[17]研发了一种预应力弯曲型软钢阻尼器，随着预应力的增大，阻尼器试件的滞回特性趋于稳定(图1-6)
	铅阻尼器	依靠金属铅材料的挤压和剪切变形耗能	刘明明等[18]利用形状记忆合金的超弹性以及金属铅的屈服耗能特性，开发出一种新型复合耗能自复位阻尼器，具有结构简单、制作方便、高耗能等优点(图1-7)
屈曲约束支撑		屈曲约束支撑在支撑杆件外围设置了约束构件，阻止了支撑杆件的受压屈曲	郭彦林等[19]研发的梭形防屈曲支撑在大弯矩位置放大了构件截面尺寸，而在端头位置缩小了尺寸，提升了约束构件的材料利用率(图1-8)
摩擦阻尼器		利用金属部件之间的相互滑动产生的摩擦来消耗能量	房晓俊等[20]提出一种转动摩擦阻尼装置，通过增设摩擦衬垫或者将多个单元组合成多单元装置，可实现对耗能能力的灵活控制(图1-9)

图1-6　预应力弯曲型软钢阻尼器

图1-7　新型复合耗能自复位阻尼器

图1-8　梭形防屈曲约束支撑

图1-9　转动摩擦阻尼装置

1.4　结构吸能减震

1.4.1　调谐质量阻尼器（TMD)

研究表明，TMD 用于结构吸能减震的优势主要有：①在合理选取质量、刚度系数和阻尼比等参数的情况下，TMD 可以取得较好的减震效果[21]；②TMD 不仅适用于新建结构的减震控制，也适用于既有结构的抗震加固[22]。尽管如此，TMD 吸能减震也存在一些局限性：①TMD 自身位移通常很大，易受结构安装空间的限制[22]；②单个 TMD 对结构减震控制效果有限，往往需要采用其他基于 TMD 的多重调谐质量阻尼器（MTMD)[23] 或半主动 TMD（SATMD)[24]，以及与其他减震技术形成组合减震系统。

1.4.2　调谐液体阻尼器（TLD)

TLD 在地震作用下产生振动，从而引起 TLD 中液体的晃动，并在液体表面形成波浪。晃动的液体和波浪会对 TLD 箱壁产生动力差，同时液体运动也将产生惯性力，动力差和液体惯性力组合作用即实现了 TLD 的吸能减震[25]。但 TLD 用于结构吸能减震存在诸多挑战：①TLD 对结构地震响应控制存在滞后性，在地震开始的前几秒内 TLD 对结构减震效果不明显[26]；②TLD 对地震动及其频率特征较为敏感，可能达不到预先设计的减震效果[27]；③TLD 系统自身的参数和性能变化对结构减震效果的影响规律亟待研究，实际工程应用还涉及选材、安装和维护等问题[28]。

1.5　结构减隔震技术的发展趋势

1.5.1　新型隔震技术

1. 摩擦摆隔震

摩擦摆隔震的主要原理是将结构与地面隔离，利用滑动面的隔离振动来延长结构的振动周期，其特有的圆弧滑动面可以限制隔震支座的位移，使其震后恢复原位[29]。该技术已成功应用于国家体育馆 2022 冬奥新建训练馆工程[29]，采用的摩擦摆隔震支座（图 1-10）主要由不锈钢材料的球形滑面滑槽、涂有聚四氟乙烯材料的滑块、防脱落挡板以及用来与上部结构相连的盖板组成。研究表明[30]，摩擦摆隔震支座具有对地震激励频率范围的低敏感性和高稳定性，较强的限位、复位能力，优良的隔震和消能机制等优点，在结构减隔震领域具有广阔的发展与应用前景。

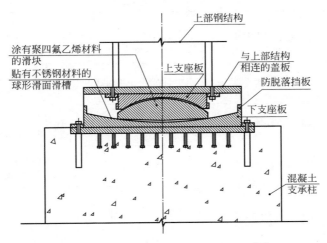

图 1-10　摩擦摆隔震支座构造示意图[29]

2. 三维隔震

地震是一种复杂的三维空间运动，大型土木工程结构（如大跨结构和高层建筑）的三维隔震性能不容忽视[31]，常见的三维隔震装置如表 1-3 所示。防止竖向地震作用下支座受拉破坏是三维隔震研究的重要内容，三维减隔震装置近年来成为研究热点问题[32]。针对轨道交通沿线建筑物的地铁振动舒适性及抗震安全性（即"震振双控"）问题，何文福等[33]研发了一种建筑三维隔震（振）支座，研究表明在列车振动和地震荷载作用下，上部结构加速度响应可降至非隔震结构的 1/3～1/2；曹迎日等[34]研发了碟簧-单摩擦摆三维隔震（振）装置，研究表明该装置可降低水平地震作用下结构响应的 80％以上，降低地铁振动激励下楼面竖向加速度响应的 61％。

三维隔震装置[35]　　　　　　　　　　　　　　　表 1-3

类型	名称	外部激励适用性	试验结果和特点
橡胶隔震支座	厚层橡胶隔震支座	竖向高频,水平向低频	竖向承载力适中,刚度中等,加工和维护简单
	纤维叠层橡胶隔震支座	竖向高频,水平向低频	竖向承载力较低,刚度较低,硫化难控制,维护简单
	纤维增强复合材料隔震支座	竖向高频,水平向低频	竖向承载力适中,刚度较低,加工和维护简单
	约束橡胶隔震支座	竖向高频,水平向低频	竖向承载力较高,刚度较低,加工和维护简单

续表

类型	名称	外部激励适用性	试验结果和特点
金属弹簧隔震支座	螺旋弹簧隔震支座	三向高频	竖向承载能力较低，刚度低，加工和维护简单，阻尼较低，单位荷载造价较高
组合隔震支座	弹簧组合隔震支座	竖向高频，水平向低频	竖向承载力适中，刚度较低，安装较复杂，维护简单
	橡胶组合隔震支座	三向低频	竖向承载力适中，刚度较低，加工和维护简单
	空气弹簧组合隔震支座	三向低频	竖向承载力较高，刚度低，加工和维护较复杂，造价较高

1.5.2 新型耗能阻尼器

1. 颗粒阻尼器

颗粒阻尼器是一种附加质量式被动阻尼器，利用在振动体中有限封闭空间内填充的微小颗粒之间的摩擦和冲击作用耗能，具有较宽的减震频带[36]。该技术早期主要应用在机械和航空航天领域，在土木工程领域的典型应用为成功经受2010年智利强震考验的圣地亚哥市中心某高层建筑[37]，其采用的是在传统颗粒阻尼技术基础上发展的调谐型颗粒阻尼器。许多学者对结构附加颗粒阻尼器的减震效果进行了理论分析、数值模拟以及试验研究，主要成果如表1-4所示。

结构附加颗粒阻尼器的减震效果[38]　　　　　表1-4

研究者	研究内容	结论
赵玲等	颗粒阻尼器在单自由度悬臂结构中的减震效果	颗粒填充率和质量比是显著影响结构阻尼的因素，且采用金属颗粒比非金属颗粒效果更好
闫维明等	隔舱式颗粒阻尼器与调频型颗粒阻尼器减震效果	利用振动台试验证了颗粒阻尼器用于多层钢筋混凝土结构的良好减震效果
鲁正等[39]	调谐型颗粒阻尼器减震效果	与传统TMD相比，调谐型颗粒阻尼器的相对位移行程更小、减震频带更宽

颗粒阻尼器用于耗能减震仍有待解决的问题包括[38]：①提出适用于耗能减震领域的颗粒阻尼器的构造，并建立完善的力学模型，能够表征颗粒阻尼器的高度非线性并对其减震机理、性能与效果进行准确分析；②提出计算结构附加等效阻尼比的方法，充分考虑颗粒阻尼器的摩擦耗能、碰撞耗能及调谐作用，准确地评价颗粒阻尼器受控结构的减震性能；③提出颗粒阻尼器受控结构具体的减震设计方法，实现颗粒阻尼器减震结构的优化设计。

2. 电涡流阻尼器

电涡流阻尼（Eddy Current Damping，ECD）依据电磁感应原理产生耗能机制，具有结构简单、可靠性高、无摩擦、无工作流体、耐久性好、阻尼系数易调节等优点，是一种较为理想的阻尼形式[40]。图 1-11 描述了典型板式电涡流阻尼器的基本工作原理[41]，当导体板与永磁体发生相对运动时，导体板切割磁源产生的磁力线在其内部和表面产生电涡流（楞次定律），导体板电涡流形成反抗磁场与原磁场相互作用，产生阻碍导体板和原磁场相对运动的洛伦兹力（电磁感应定律），最终将导体板的机械能以热能形式耗散。目前，板式 ECD 已作为 TMD 的阻尼元件得到广泛应用。

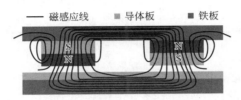

图 1-11　典型板式电涡流阻尼器基本工作原理[41]

为进一步提升板式电涡流阻尼器的耗能效率，陈政清院士团队提出了如图 1-12 所示基于滚珠丝杠传动的两种轴向电涡流阻尼器[42]，以及齿轮齿条式电涡流阻尼器[43]。经过十几年的研究与发展，电涡流阻尼减振技术在土木工程领域得到了广泛应用，典型工程应用如表 1-5 所示。ECD 技术有待进一步研究与发展的研究方向包括[42]：大吨位轴向电涡流阻尼器所需的重型滚珠丝杠制造工艺及疲劳性能提升、基于电涡流阻尼的半主动和主动控制技术等。

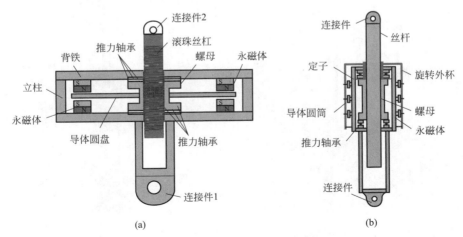

(a)　　　　　　　　　　　　(b)

图 1-12　滚珠丝杠式轴向电涡流阻尼器[42]

（a）盘式；（b）旋转管式

电涡流阻尼减震技术典型工程应用[42]　　　　　　　表 1-5

工程应用	电涡流阻尼减震技术	作用
上海中心大厦	电涡流 TMD(图 1-13)	当大厦遭受地震时,阻尼比会自动加大,进入过阻尼状态,保证不会发生因地震激发 TMD 的有害振动;目前已成功助力上海中心大厦抵抗"安比"和"利奇马"台风的考验,保证了大厦在强风作用下的舒适性
国家体育馆改扩建	摩擦摆隔震支座＋电涡流阻尼器隔震系统	相比于黏滞阻尼器,采用电涡流阻尼器避免了油缸漏油问题,提高了隔震系统的耐久性;同时减震效果可提升 30％
张家界玻璃桥	悬臂梁式电涡流 TMD	解决了该桥因跨度大和频率低的特点带来的振动控制问题

3. 惯容减震系统

惯容单元可产生远大于自身实际物理质量的惯性（虚）质量,具体结构实现形式主要可分为滚珠丝杠、齿轮齿条、电磁式与液压式等[44]。目前结构耗能减震常见的惯容减震系统有黏滞惯性质量阻尼器、电磁式惯性质量阻尼器（图 1-14）和电涡流惯性质量阻尼器等。实际工程应用方面,世界上首次使用惯容减震系统的结构是日本仙台 NTT 公司大楼,该减震系统将一个实际质量为 560kg 的两端点质量元件放大为 5400t 的等效质量,充分体现了惯容的质量放大机制作用[45]。

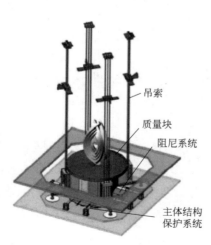

图 1-13　上海中心大厦电
涡流调谐质量阻尼器[42]

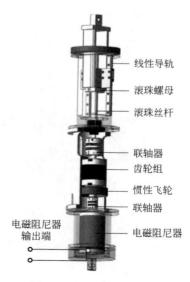

图 1-14　电磁式黏滞惯性
质量阻尼器构造示意图[46]

对于惯容减震系统，尚有以下问题有待进一步深入研究[45]：①目前的惯容装置大多集中于平动-转动转换的机械机制，可考虑基于其他物理现象和原理开发非转动类、非机械类惯容以更利于实际工程应用；②目前商业有限元软件无法模拟惯容单元，有必要开展商业有限元计算分析方法的工作，便于惯容减震得到更广泛的应用。

1.5.3 阻尼器位移放大技术

1. 阻尼器位移放大作用

阻尼器位移放大技术是利用机构或机械装置将阻尼器安装位置处结构的层间位移放大，使阻尼器在小震作用下也可发挥较为明显的耗能作用；在大震作用下，则可以减少阻尼器的数量，降低成本[47]。

2. 连杆式放大机构

表 1-6 给出了目前常见的连杆式放大机构及其位移放大系数理论解公式。

连杆式放大机构及理论解公式[48]　　　　　　　　　　　　表 1-6

名称	图例	理论解公式
斜向形		$f = \cos\theta$
人字形		$f = 1$
剪刀形		$f = \dfrac{\cos\psi}{\tan\theta}$
套索形		$f = \dfrac{\sin\theta_2}{\cos(\theta_1+\theta_2)} + \sin\theta_1$

3. 杠杆式放大机构

杠杆机构根据杠杆原理放大阻尼器两端的相对位移，国内外学者利用杠杆机构开发了形式多样的放大装置，主要成果如表 1-7 所示。

杠杆式放大机构[47]   表 1-7

研究者	类型	作用
Ahmed 等	磁流变阻尼器杠杆放大装置	可以应用于层间位移不足以使阻尼器有效工作的情况
Kang 等	黏滞阻尼器翘板式放大装置	通过与对角支撑和人字形支撑的对比，结果表明该装置具有更好的减震效果
周海涛等	位移放大型双出杆黏滞阻尼墙	利用杠杆原理将活塞杆的水平位移和速度放大，带动内部的钢板在耗能液体内部横向运动，有效地产生剪切阻滞力，增强了阻尼墙的耗能能力

4. 跨层布置的支撑放大装置

将结构中的支撑跨层布置，可以将支撑两端的相对位移放大为层间位移的跨层倍数。许多单位与学者对此进行了研究，主要成果如表 1-8 所示。

跨层布置的支撑放大装置研究   表 1-8

研究者	研究内容	作用
Arup 公司[49]	在美国旧金山弗里蒙特街 181 号上使用跨层支撑支承	对于控制地震和风荷载作用下结构的振动有很好的效果
周云等[50]	采用 BRB 跨层布置	用较少的支撑个数达到较好的减震效果
Taylor 等[51]	将阻尼器通过跨层支撑安装于墨西哥市长大楼，该支撑跨越 6 层结构（图 1-15）	阻尼器两端的相对位移放大为层间位移的 6 倍，大楼经受住了 2003 年 6.7 级的实际地震考验

图 1-15　墨西哥市长大楼的阻尼器安装[51]

5. 加强层消能伸臂放大装置

加强层为从核心筒外伸并与外围框架柱连接在一起的具有较大刚度的水平构件，其有助于减小高层建筑在水平荷载下的侧向位移，但会导致在加强层的位置形成刚度突变，对结构抗震产生不利影响[48]。通过在结构加强层中设置消能装置或构件，利用核心筒与外框架之间的竖向变形差进行消能减震的创新思路[52]得到了国内外学者的广泛关注，并据此进行了大量研究与工程推广应用，主要成果如表 1-9 所示。

加强层消能伸臂放大装置研究　　　　　　　　　　　　　　表 1-9

研究者	研究内容	作用
Smith 等[53]	提出了加强层消能伸臂放大装置，并于 2008 年将其应用于两幢 60 层 210m 高的马尼拉圣弗朗西斯香格里拉塔中（图 1-16）	通过结构的弯曲变形造成的内外部结构的竖直位移差来使阻尼器运动，而伸臂结构可以尽可能放大这一相对位移
周颖 等[54]	在超高层结构速度起控制作用的部位设置黏滞阻尼器伸臂桁架，在位移起控制作用的部位设置 BRB 伸臂桁架	实现 BRB 伸臂和黏滞阻尼器伸臂的优势互补，并以上海中心为研究背景证明了其良好的抗震性能
杨青顺 等[55]	在伸臂桁架端部设置软钢阻尼器及摩擦阻尼器	可以提升耗能能力，保护伸臂桁架主体，且摩擦阻尼器的刚度和强度可以独立设计，设计自由度较大，适合在工程中推广应用

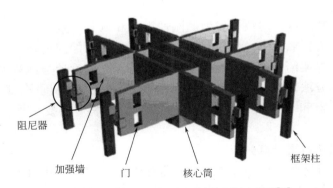

阻尼器

加强墙　　门　　核心筒　　框架柱

图 1-16　菲律宾香格里拉塔伸臂系统示意图[53]

6. 阻尼器位移放大技术研究展望

然而，现有各类响应放大装置仍存在一定的不足之处[47]：①连杆式和杠杆式放大装置若斜撑刚度不足、安装不当，可能发生平面外变形甚至失稳；②跨层支撑放大体系的支撑需要很大的刚度和强度，对结构有很大的附加刚度及附加作用力，会改变结构动力特性及降低节点承载力；③国内外研究者尽管开发了大量响应放大装置，但响应放大系数仍然相对较小，提升效果并不显著。未来位移放大装置应具备下述特点[47]：①阻尼器在响应放大时不失效，可考虑将阻尼器与一定的机械装置组合使用，使阻尼器始终发生有限行程内的往复位移，以防止其在极罕遇地震作用下失效；②放大倍数可调，在阻尼器不失效的前提下，可取不同的放大倍数，从而取得更好的减震效益，促进该技术在实际工程中更大范围的推广应用。此外，基于被动负刚度控制技术[56] 的阻尼器位移响应放大技术也值得进一步深入研究。

1.5.4 地震可恢复功能结构

地震可恢复功能结构[57] 是指地震后不需修复或者稍加修复即可恢复使用功能的结构。目前常见的地震可恢复功能结构主要有：设置摇摆构件的结构体系、自复位结构体系和设置可更换构件的结构体系等。近年来我国地震工程研究的发展逐渐呈现从抗震、减隔震走向可恢复功能的趋势，虽然可恢复功能结构已形成初步的结构体系和设计方法，但仍需进一步完善和统一相关设计方法和技术规程，便于设计人员快速熟悉和掌握各类可恢复功能结构体系的设计理念与方法。

1.6　本书主要研究内容

针对国家减隔震技术快速发展的刚性需求和广大高校学生、工程人员和科研人员的迫切需要。本书总结了目前结构减隔震技术的国内外研究现状，总结了钢筋混凝土框架结构的抗震设计与计算方法、隔震设计与计算方法、消能减震设计与计算方法。对五层钢筋混凝土框架结构分别进行抗震、隔震和消能减震（黏滞阻尼器和 BRB 支撑）进行设计与计算分析，主要工作、研究内容和结论如下：

1. 框架结构抗震计算分析

对五层钢筋混凝土框架结构进行抗震设计与计算，采用 PKPM 程序对该工程结构按抗震设防烈度 8 度半（8 度、0.30g）和 7 度半（7 度、0.15g）分别进行计算，对比两个设防烈度的整体和局部计算结果，得出该结构满足抗震设防烈度 7 度半的要求，不满足抗震设防烈度 8 度半的要求，需要进一步进行隔震和减震设计与计算。

2. 框架结构隔震计算分析研究

在五层钢筋混凝土框架结构基础部位安装隔震支座，利用有限元程序

ETABS 分别建立抗震结构和两种隔震（支座直径不同）结构有限元模型，采用时程分析法，对比 3 种结构的动力特性、地震反应（层剪力、层间位移角和楼层加速度）、地震能量等计算结果，分析研究得出：两种隔震结构均满足抗震设防烈度 8 度半的要求；大直径隔震支座的耗能效果明显优于小直径隔震支座，隔震支座的直径越大，其消耗的地震能量越多。

3. 框架结构减震（黏滞阻尼器）计算分析研究

在五层钢筋混凝土框架结构的不同位置安装阻尼指数不同的黏滞阻尼器，共有 6 种减震结构，利用有限元分析软件 ETABS 分别建立抗震结构和 6 种减震结构的有限元模型。采用时程分析法，对比 7 种结构的动力特性、地震反应（层剪力、层间位移角和楼层加速度）、地震能量和附加阻尼比的结果，分析研究得出：6 种减震结构的周期与抗震结构相差不大；在布置位置相同的情况下，非线性黏滞阻尼器在小震作用下的减震效果优于线性黏滞阻尼器，在中震作用下线性与非线性黏滞阻尼器的减震效果接近，在大震作用下线性黏滞阻尼器的减震效果优于非线性黏滞阻尼器；通过罕遇地震作用下的能量对比可知，均匀布置和底层布置的耗能能力最好，顶层布置的耗能效果最差。

4. 框架结构减震（BRB 支撑）计算分析研究

在五层钢筋混凝土框架结构的不同位置分别安装单斜形或人字形 BRB 支撑，共有 6 种减震结构，利用有限元分析软件 ETABS 分别建立抗震结构和 6 种减震结构的有限元模型。采用时程分析法，对比 7 种结构的动力特性、地震反应（层剪力、层间位移角和楼层加速度）、地震能量和附加阻尼比的结果，分析研究得出：6 种 BRB 减震结构的周期与抗震结构相比均减小；在布置方式相同的条件下，小震烈度下人字形 BRB 在减小层间剪力方面较优，单斜形 BRB 在减小层间位移角和楼层加速度方面较优，在中震作用下人字形 BRB 和单斜形 BRB 在减小楼层剪力、层间位移角、楼层加速度方面规律不明显，大震烈度下，人字形 BRB 在减小层间剪力、层间位移角方面较优，单斜形 BRB 在减小楼层加速度方面较优；通过罕遇地震作用下的能量对比可知，均匀布置和底层布置的耗能能力最好，顶层布置的耗能效果最差。

5. 框架结构减隔震计算对比分析研究

分析了不同直径铅芯支座的两种隔震结构的减震效果，研究发现铅芯支座直径越大的隔震结构综合减震效果更优。分析了线性与非线性黏滞阻尼器在三种布置位置的减震效果，研究发现非线性黏滞阻尼器在均匀布置时综合减震效果最优。分析了人字形和单斜形 BRB 支撑在三种布置位置的减震效果，研究发现人字形 BRB 在均匀布置时综合减震效果最优。对上述三个综合减震效果最优的结构进行动力特性、地震反应、地震能量三个方面进行对比分析，分析研究得出：隔震结构相比于抗震结构的前三阶振型的周期都有增加，黏滞阻尼减震结构与抗震结构的周期基本一致，BRB 结构为原结构附加了刚度、减小了原结构的周期；从地震能量分析对比可知，在三种地震烈度作用下，隔震结构的耗能能力最强，黏滞阻尼器减震结构其次，BRB 在多遇地震下几乎没有耗能能力，而随着地震烈度的增加，BRB 的耗能能力逐渐增强。

参考文献

［1］ Yao J T. Concept of structural control ［J］. ASCE Journal of the Structural Division，1972，98：1113-1119.

［2］ Zhou F L，Tan P，Cui J，et al. Recent progress and application on seismic isolation energy dissipation and control for structures in China ［J］. Earthquake Engineering & Engineering Vibration，2018，17（01）：19-27.

［3］ 朱宏平，沈文爱，雷鹰，等 . 结构减隔震控制系统性能监测评估与提升 ［J］. 工程力学，2020，37（01）：1-16.

［4］ 中华人民共和国国家标准 . 建筑隔震设计标准 GB/T 51408—2021 ［S］. 北京：中国计划出版社，2021.

［5］ 中华人民共和国行业标准 . 建筑消能减震技术规程 JGJ 297—2013 ［S］. 北京：中国建筑工业出版社，2013.

［6］ Soong T T，Dargush G F. Passive energy dissipation systems in structural engineering ［M］. Chichester：John Wiley & Sons，1997，7-27.

［7］ 潘毅，包韵雷，国巍，等 . 摆式电涡流 TMD-钢框架结构的耦合计算方法与减震分析 ［J］. 土木与环境工程学报（中英文），2020，42（04）：84-93.

［8］ Soong T T. Active structural control：theory and practice ［M］. New York：John Wiley & Sons，1990，1-125.

［9］ 欧进萍 . 结构振动控制-主动、半主动和智能控制 ［M］. 北京：科学出版社，2003，1-540.

［10］ 周锡元，阎维明，杨润林 . 建筑结构的隔震、减振和振动控制 ［J］. 建筑结构学报，2002，23（02）：2-12.

［11］ 汪志昊 . 自供电磁流变阻尼器减振系统与永磁式电涡流 TMD 的研制及应用 ［D］. 长沙：湖南大学，2011.

［12］ 周福霖 . 隔震、消能减震与结构控制体系——终止我国城乡地震灾难的必然技术选择 ［J］. 城市与减灾，2016，00（05）：1-10.

［13］ 宋晓，谭平，周福霖，等 . 层间隔震结构参数分析与减震性能研究 ［J］. 地震工程与工程振动，2018，38（05）：41-49.

［14］ 李爱群，轩鹏，徐义明，等 . 建筑结构层间隔震技术的现状及发展展望 ［J］. 工业建筑，2015，45（11）：1-8.

［15］ 潘鹏，叶列平，钱稼茹，等 . 建筑结构消能减震设计与案例 ［M］. 北京：清华大学出版社，2014，1-205.

［16］ 周云，商城豪，张超 . 消能减震技术研究与应用进展 ［J］. 建筑结构，2019，49（19）：

33-48.

[17] 陈云松．新型构造软钢阻尼器的设计与性能优化 [D]．昆明：昆明理工大学，2020.

[18] 刘明明，李宏男，付兴．一种新型自复位 SMA-剪切型铅阻尼器的试验及其数值分析 [J]．工程力学，2018，35（06）：52-57＋67.

[19] 郭彦林，童精中，周鹏．防屈曲支撑的型式、设计理论与应用研究进展 [J]．工程力学，2016，33（09）：1-14.

[20] 房晓俊，周云．转动摩擦阻尼装置的研究与应用 [J]．工程抗震与加固改造，2018，40（01）：1-7.

[21] 苏荣华，梁冰，宋维源．结构-TMD 系统抗震的优化参数研究 [J]．振动与冲击，2001，20（04）：10-13＋96.

[22] 王玉梅，周磊．16WCEE 中动力吸振技术的新进展 [J]．地震工程与工程振动，2017，37（03）：152-165.

[23] Rahimi F, Aghayari R, Samali B, et al. Application of tuned mass dampers for structural vibration control：A state-of-the-art review [J]．Civil Engineering Journal，2020，06（08）：1622-1651.

[24] Yang F, Sedaghati R, Esmailzadeh E, et al. Vibration suppression of structures using tuned mass damper technology：A state-of-the-art review [J]．Journal of Vibration & Control，2021，00（00）：1-25.

[25] 李爱群．工程结构减振控制 [M]．北京：机械工业出版社，2007，1-280.

[26] 王泽军，孔令仓，李立．调谐液体阻尼器对高层结构抗震性能的影响分析 [J]．世界地震工程，2015，31（04）：193-200.

[27] 国巍，曾晨．用于建筑减震的新型调谐液体阻尼器 [J]．结构工程师，2018，34（S1）：59-66.

[28] 王建，潘颖．框架结构的 TLD 减震控制研究 [J]．西安科技大学学报，2015，35（04）：467-472.

[29] 周忠发，朱忠义，周笋，等．国家体育馆 2022 冬奥新建训练馆摩擦摆隔震设计 [J]．建筑结构，2020，50（20）：1-7.

[30] 龚健，周云．摩擦摆隔震技术研究和应用的回顾与前瞻（I）-摩擦摆隔震支座的类型与性能 [J]．工程抗震与加固改造，2010，32（03）：1-10.

[31] 卢立恒，徐赵东，潘毅，等．多维地震激励下工程结构隔减震技术研究进展 [J]．土木工程学报，2013，46（S1）：1-6.

[32] 张克纯，李凝志．复杂地震激励下隔震结构地震响应研究进展 [J]．地震工程学报，2020，42（05）：1270-1275＋1336.

[33] 何文福，罗昊杰，许浩，等．轨交沿线建筑三维隔震/振支座力学性能试验研究及应用分析 [J]．振动工程学报，2020，33（06）：1112-1121.

[34] 曹迎日，潘鹏，孙江波，等．碟簧-单摩擦摆三维隔震（振）装置研究 [J]．建筑结构学报，2021，40（04）：1-11.

[35] 吴迪，沈朝勇，熊焱，等．三维基础隔震（振）技术与装置研究简述 [J]．华南地震，2020，40（04）：101-109.

［36］ 鲁正，吕西林，闫维明．颗粒阻尼技术研究综述［J］．振动与冲击，2013，32（07）：1-7.

［37］ Naeim F，Lew M. Performance of tall buildings in Santiago，Chile during the 27 February 2010 offshore Maule，Chile earthquake［J］．Structural Design of Tall & Special Buildings，2011，20（01）：1-16.

［38］ 闫维明，王宝顺，黄绪宏．颗粒阻尼器的研究进展及其在土木工程中的应用展望［J］．土木工程学报，2020，53（05）：32-41.

［39］ 鲁正，廖元，吕西林．调谐质量阻尼器和调谐型颗粒阻尼器减震性能对比研究［J］．建筑结构学报，2019，40（12）：163-168.

［40］ 黄智文．电涡流阻尼器理论研究及其在桥梁竖向涡振控制中的应用［D］．长沙：湖南大学，2016.

［41］ 陈政清，田静莹，黄智文，等．板式电涡流阻尼系数的计算与试验修正方法［J］．中国公路学报，2016，29（10）：46-53.

［42］ 陈政清，华旭刚，牛华伟，等．永磁电涡流阻尼新技术及其在土木工程中的应用［J］．中国公路学报，2020，33（11）：83-100.

［43］ 李亚峰，李寿英，王健钟，等．齿轮齿条式电涡流阻尼器的力学性能研究［J］．土木工程学报，2020，53（03）：44-50.

［44］ 汪志昊，田文文，王浩，等．非线性电涡流惯质阻尼器力学性能仿真与试验［J］．哈尔滨工业大学学报，2019，51（06）：171-177＋184.

［45］ 张瑞甫，曹嫣如，潘超．惯容减震（振）系统及其研究进展［J］．工程力学，2019，36（10）：8-27.

［46］ Zhu H P，Li Y，Shen W A，et al. Mechanical and energy-harvesting model for electromagnetic inertial mass dampers［J］．Mechanical Systems & Signal Processing，2019，120：203-220.

［47］ 赵桂峰，马玉宏．阻尼器响应放大技术研究与应用进展［J］．土木工程学报，2020，53（06）：64-78.

［48］ 汪志昊，陈政清．高层建筑结构中黏滞阻尼器的新型安装方式［J］．世界地震工程，2010，26（04）：135-140.

［49］ 彭程，薛恒丽，陈永祁．高层结构工程中液体黏滞阻尼器的合理设计与应用［J］．建筑结构，2020，50（01）：96-104＋95.

［50］ 周云，陈麟，邓雪松，等．巨型框架-耗能支撑结构新体系［J］．广州大学学报：自然科学版，2007，06（03）：56-61.

［51］ Taylor D. Mega brace seismic dampers for the torre mayor project at mexico city［C］．74th Shock Vibration Symposium：North Tonawanda，2003.

［52］ 王志娴，胡大柱，李国强，等．不同消能伸臂体系减震效果对比分析［J］．建筑钢结构进展，2016，18（01）：37-43.

［53］ Smith R J，Willford M R. The damped outrigger concept for tall buildings［J］．The Structural Design of Tall & Special Buildings，2007，16（04）：501-517.

［54］ 周颖，李宏描，邢丽丽．混合控制消能减震伸臂桁架上海中心抗震性能研究［J］．振动

与冲击，2016，35（21）：188-195＋228.

[55] 杨青顺，甄伟，陆新征，等．带端部阻尼器伸臂桁架的抗震性能试验研究［J］．工程力学，2018，35（02）：47-58.

[56] 汪志昊，杨亚彬．结构振动的负刚度控制［J］．华北水利水电学院学报，2012，33（02）：26-30.

[57] 周颖，吴浩，顾安琪．地震工程：从抗震、减隔震到可恢复性［J］．工程力学，2019，36（06）：1-12.

第2章

框架结构抗震设计与计算方法

地震是一种随机事件，以现有的科技水平，难以估计实际地震发生的时间、空间和强度。同时在结构分析方面，以现有的技术水平，也不可能充分而准确地考虑结构的空间作用、结构材料的性质（特别是进入弹塑性以后的性质）等性能，因此单独的抗震计算并不能真实反映结构在地震中的受力和变形情况。

抗震设计一般包括概念设计、抗震计算和抗震措施（包括抗震构造措施）三个层面。抗震概念设计在总体上把握抗震设计的基本原则，抗震计算为抗震设计提供定量手段，抗震措施在可以保证结构整体性、加强局部薄弱环节等方面保证抗震计算结构的有效性。抗震设计三个层面的内容是一个不可分割的整体，忽视任何一部分，都可能导致抗震设计的失败。

2.1 抗震概念设计

抗震概念设计是指根据地震震害和工程经验等所形成的基本设计原则和设计思想，进行建筑和结构总体布置并确定细部构造的过程，它是一种基于震害经验建立的抗震基本设计原则和思想。

抗震概念设计强调，在工程设计之初应主要把握场地、地基和基础的选择，建筑形体及其构件的布置，抗震结构体系和结构构件的选择，非结构构件的处理，结构材料和施工的保证，结构控制新技术的采用等内容。从总体上消除建筑中的薄弱环节，然后再辅以必要的计算和抗震措施，就有可能设计出抗震性能良好的建筑。

2.1.1 场地、地基和基础

场地是指具有相似的反应谱特征的房屋群体所在地，它不仅仅指房屋基础下的地基土，其范围相当于厂区、居民点和自然村，在平坦地区的面积一般不小于1km×1km。地震造成建筑的破坏，除地震动直接引起结构破坏外，还有场地条件的原因，诸如，地震引起的地表错动与地裂，地基土的不均匀沉陷、滑坡和粉（砂）土液化等。选择建筑场地时，应根据工程需要和地震活动情况、工程地质和地震地质的有关资料，对抗震有利、一般、不利和危险地段做出综合评价。宜选择抗震有利的地段。对抗震不利地段，应提出避开要求，无法避开时应采取有效的措施。对危险地段，严禁建造甲、乙类的建筑，不应建造丙类的建筑。

对建筑的地基和基础的选择应符合下列要求：（1）同一结构单元的基础不宜设置在性质截然不同的地基上。（2）同一结构单元不宜部分采用天然地基，部分采用桩基；当采用不同基础类型或基础埋深显著不同时，应根据地震时两部分地基基础的沉降差异，在基础、上部结构的相关部位采取相应措施。（3）地基为软弱黏性土、液化土、新近填土或严重不均匀土时，应根据地震时地基不均匀沉降和其他不利影响，采取相应的措施。

2.1.2　建筑形体与结构构件布置

建筑形体是指建筑平面形状和立面、竖向剖面的变化。构件布置是指结构构件的平面布置和竖向布置。建筑形体和结构构件布置对结构的抗震性能有决定性的作用。建筑师应根据建筑的使用功能、建设场地、美学等确定建筑的平面形状、立面和竖向剖面。工程师应根据结构抵抗竖向荷载、抗风、抗震及建筑形体的要求来布置结构构件。房屋建筑的抗震设计包括了建筑师的建筑形体设计和工程师的结构设计。一幢成功的抗震建筑，往往是建筑师和工程师密切合作的结果，这种合作应该从方案阶段开始，一直到设计完成。

《建筑抗震设计规范》GB 50011—2010（2016年版）[1]（后面简称《抗震规范》）规定建筑设计应根据抗震概念设计的要求明确建筑形体的规则性。规则建筑是指平面和立面简单，抗侧力体系的刚度和承载力上下变化连续、均匀，平面布置基本对称，即在平立面、竖向剖面和抗侧力体系上，没有明显的、实质的不连续和突变。"规则性"是诸多因素的综合要求：（1）规则的建筑抗震性能好，震害统计表明，简单、对称的建筑在地震时较不容易破坏，对称的结构因传力路径清晰、直接而容易估计其地震反应，容易采取抗震构造措施和进行细部处理。（2）规则的建筑有良好的经济性。根据工程经验，较规则建筑的周期比、位移比等结构的整体指标很容易满足规范要求。同时由于地震作用在各榀抗侧力构件之间的分配比较均匀，从而使各结构构件的配筋大小适中，使成本控制在一个合理的范围内。相反不规则结构则会出现扭转效应明显、局部出现薄弱部位等情况，应根据规范对结构进行内力调整并采取有效的抗震构造措施来进行加强处理，从而使得内力变大，计算配筋变大，局部抗震构造措施更加繁琐，从而使工程造价有大幅度增加。

建筑体型简单、结构布置规则有利于结构抗震，但在实际工程中，不规则是难以避免的。《抗震规范》给出了三种平面不规则和三种竖向不规则，共6个定量计算指标。不规则结构按照6个指标值的数量和大小程度不同，又分为不规则结构、特别不规则结构和严重不规则结构三大类。不规则结构，指的是超过6个指标中的一项或两项。特别不规则结构，指的是具有较明显的抗震薄弱部位，可能引起不良后果的，其参考界限为 6 个主要不规则类型的三个或三个以上，或有一项超过不规则类型的指标比较多，如扭转位移比达 1.4、本层刚度小于相邻上层刚度的 50% 等。严重不规则结构，指的是形体复杂，多项不规则指标超过 6 个指标中的上限值或某一项大大超过规定值，具有现有技术和经济条件不能克服的严重的抗震薄弱环节，可能导致地震破坏的严重后果。

建筑设计应根据抗震概念设计的要求明确建筑形体的规则性。不规则的建筑应按规定采取加强措施；特别不规则的建筑应进行专门研究和论证，采取特别的加强措施；严重不规则的建筑不应采用。体型复杂、平立面不规则的建筑，应根据不规则程度、地基基础条件和技术经济等因素的比较分析，确定是否设置防震缝。设置防震缝后就可以通过设置的防震缝把不规则结构划分成规则的结构单元。

2.1.3　抗震结构体系和结构构件

抗震结构体系要通过综合分析，采用合理而经济的结构类型。结构的地震反应同场地的频谱特性有密切关系，场地的地面运动特性又同地震震源机制、震级大小、震中的远近有关，建筑的重要性、装修的水准对结构的侧向变形大小有所限制，从而对结构选型提出要求，结构的选型又受结构材料和施工条件的制约及经济条件的许可等。这是一个综合的技术经济问题，应周密加以考虑。

《抗震规范》规定，结构体系应符合下列各项要求：（1）应具有明确的计算简图和合理的地震作用传递途径。（2）应避免因部分结构或构件破坏而导致整个结构丧失抗震能力或对重力荷载的承载能力。（3）应具备必要的抗震承载力、良好的变形能力和消耗地震能量的能力。（4）对可能出现的薄弱部位，应采取措施提高其抗震能力。

《抗震规范》规定，抗震结构体系宜符合的要求：（1）宜有多道抗震防线。多道防线对于结构在强震下的安全是很重要的。（2）宜具有合理的刚度和承载力分布，避免因局部削弱或突变形成薄弱部位，产生过大的应力集中或塑性变形集中。（3）结构在两个主轴方向的动力特性宜相近。

《抗震规范》规定，结构构件应符合的要求：（1）砌体结构应按规定设置钢筋混凝土圈梁和构造柱、芯柱，或采用约束砌体、配筋砌体等。（2）混凝土结构构件应控制截面尺寸和受力钢筋、箍筋的设置，防止剪切破坏先于弯曲破坏、混凝土的压溃先于钢筋的屈服、钢筋的锚固黏结破坏先于钢筋破坏。钢筋混凝土构件的抗震性能与砌体相比是比较好的，但若处理不当，也会造成不可修复的脆性破坏。这种破坏包括混凝土压碎、构件剪切破坏、钢筋锚固部分拉脱（黏结破坏）。混凝土结构构件的尺寸控制，包括轴压比、截面长宽比、墙体高厚比、宽厚比等。当墙厚偏薄时，也有自身稳定问题。（3）预应力混凝土的构件，应配有足够的非预应力钢筋。（4）钢结构构件的尺寸应合理控制，避免局部失稳或整个构件失稳。钢结构杆件的压屈破坏（杆件失去稳定）或局部失稳也是一种脆性破坏，应予以防止。（5）多层的混凝土楼、屋盖宜优先采用现浇混凝土板。当采用预制装配式混凝土楼、屋盖时，应从楼盖体系和构造上采取措施确保各预制板之间连接的整体性。针对预制混凝土板在强烈地震中容易脱落导致人员伤亡的震害，推荐采用现浇楼、屋盖，特别强调装配式楼、屋盖应加强整体性的基本要求。

《抗震规范》规定，结构各构件之间的连接，应符合下列要求：（1）构件节点的破坏，不应先于其连接的构件。（2）预埋件的锚固破坏，不应先于连接件。（3）装配式结构构件的连接，应能保证结构的整体性。（4）预应力混凝土构件的预应力钢筋，宜在节点核心区以外锚固。通过连接的承载力来发挥各构件的承载力和变形能力，从而获得整个结构良好的抗震能力。

2.1.4　非结构构件的处理

非结构构件一般是指在结构分析中不考虑承受重力荷载、风荷载及地震作用的构件。非结构构件包括建筑非结构构件和建筑附属机电设备的支架等。建筑非结构构件在地震中的破坏允许大于结构构件，其抗震设防目标要低于主体结构的规定。非结构构件的地震破坏会影响安全和使用功能，需引起重视，应进行抗震设计。处理好非结构构件和主体结构的关系，可防止附加灾害，减少损失。

建筑非结构构件一般指以下四类：（1）附属结构构件，如女儿墙、厂房高低跨封墙、雨篷等。这类构件的抗震问题是防止倒塌，采取的抗震措施是加强非结构构件本身的整体性，并与主体结构加强锚固连接。（2）装饰物，如建筑贴面、装饰、顶棚和悬吊重物等。这类构件的抗震问题是防止脱落和装饰的破坏，采取的抗震措施是同主体结构可靠连接。对重要的贴面和装饰，也可采用柔性连接，使主体结构在地震作用下有较大的变形，也不致影响到贴面和装饰的破坏。（3）非结构的墙体，如围护墙、内隔墙、框架填充墙等。应估计其设置对结构抗震的不利影响，避免不合理的设置而导致主体结构的破坏。（4）建筑附属机电设备及支架等。这些设备通过支架与建筑物相连接，因此，设备的支架应有足够的刚度和强度，与建筑物应有可靠的连接和锚固，并应使设备在遭遇设防烈度的地震影响后能迅速恢复运行。建筑附属机电设备的设置部位要适当，支架设计时要防止设备系统和建筑结构发生谐振现象。

2.1.5　结构材料与施工的保证

抗震结构在材料选用、施工顺序特别是材料代用上有其特殊的要求，主要是指减少材料的脆性和贯彻原设计意图，需要在结构总说明中予以明确交代。《抗震规范》对结构材料与施工的具体要求有：（1）材料自身要有足够的延性，钢筋材料性能要求中要满足强屈比和伸长率的有关要求，混凝土强度等级不宜高于C60，建筑用钢材要有合格的冲击韧性和截面收缩率，等等。这些规定都是为了保证材料要有足够的延性。（2）施工顺序要保证组合构件的整体性，钢筋混凝土构造柱和底部框架-抗震墙房屋中的砌体抗震墙，其施工应先砌墙后浇构造柱和框架梁柱，目的是确保砌体抗震墙与构造柱、底层框架柱的连接，以提高抗侧力砌体墙的变形能力。（3）混凝土构件的纵向受力钢筋要等强代换，混凝土结构施工中，往往因缺乏设计规定的钢筋型号（规格）而用另外型号（规格）的钢筋代替，此时应注意替代后的纵向钢筋的总承载力设计值不应高于原设计的纵向钢筋总承载力设计值，以免造成薄弱部位的转移，以及构件在有影响的部位发生混凝土的脆性破坏（混凝土压碎、剪切破坏等）。除按照上述等承载力原则换算外，还应满足最小配筋率和钢筋间距等构造要求，并应注意钢筋的强度和直径改变会影响正常使用阶段的挠度和裂缝宽度。（4）抗震墙水平施工缝验算，抗震墙的水平施工缝处，由于混凝土结合不良，可能形成抗震薄弱部位，故规定一级抗震墙要进行水平施工缝处的受剪承载力验算。

2.1.6 结构控制新技术的采用

隔震和耗能减震结构因其具有减震机理明确、减震效果显著、安全可靠、经济合理、技术先进、适用范围广等优点，已逐步在现代抗震结构中得到应用。隔震体系是通过延长结构的自振周期来减小结构的水平地震作用，而耗能减震结构体系是通过耗能器增加结构阻尼来减小结构在地震作用下的位移。选用隔震和耗能减震新技术，需根据建筑抗震设防类别、设防烈度、场地条件、结构方案及使用条件等，对结构体系进行技术、经济可行性的综合对比分析后确定。

2.2 框架结构的抗震计算要求

2.2.1 建筑抗震设防分类和设防标准

现行《建筑工程抗震设防分类标准》GB 50223—2008 根据建筑遭遇地震破坏后，可能造成人员伤亡、直接和间接经济损失、社会影响的程度及其在抗震救灾中的作用等因素，对各类建筑所做的设防类别进行了划分。对于不同重要性的建筑，采用不同的抗震设防标准（衡量抗震设防要求高低的尺度，由抗震设防烈度或设计地震动参数及建筑抗震设防类别确定）。

建筑抗震设防类别的划分，应根据下列因素的综合分析确定：（1）建筑破坏造成的人员伤亡、直接和间接经济损失及社会影响的大小；（2）城镇的大小、行业的特点、工矿企业的规模；（3）建筑使用功能失效后，对全局的影响范围大小、抗震救灾影响及恢复的难易程度；（4）建筑各区段的重要性有显著不同时，可按区段划分抗震设防类别，下部区段的类别不应低于上部区段；（5）不同行业的相同建筑，当所处地位及地震破坏所产生的后果和影响不同时，其抗震设防类别可不相同。

注意： 区段指由防震缝分开的结构单元、平面内使用功能不同的部分、上下使用功能不同的部分。

建筑工程应分为以下四个抗震设防类别：（1）特殊设防类。特殊设防类指使用上有特殊设施，涉及国家公共安全的重大建筑工程和地震时可能发生严重次生灾害等特别重大灾害后果，需要进行特殊设防的建筑，简称甲类。（2）重点设防类。重点设防类指地震时使用功能不能中断或需尽快恢复的生命线相关建筑，以及地震时可能导致大量人员伤亡等重大灾害后果，需要提高设防标准的建筑，简称乙类。（3）标准设防类。标准设防类指大量的除（1）、（2）、（4）款以外按标准要求进行设防的建筑，简称丙类。（4）适度设防类。适度设防类指使用上人员稀少且震损不致产生次生灾害，允许在一定条件下适度降低要求的建筑，简称丁类。

各抗震设防类别建筑的抗震设防标准，应符合下列要求：

1）标准设防类，应按本地区抗震设防烈度确定其抗震措施和地震作用，达到在遭遇高于当地抗震设防烈度的预估罕遇地震影响时不致倒塌或发生危及生命安全的严重破坏的抗震设防目标。

2）重点设防类，应按高于本地区抗震设防烈度一度的要求加强其抗震措施；但抗震设防烈度为9度时应按比9度更高的要求采取抗震措施；地基基础的抗震措施，应符合有关规定。同时，应按本地区抗震设防烈度确定其地震作用。

3）特殊设防类，应按高于本地区抗震设防烈度提高一度的要求加强其抗震措施；但抗震设防烈度为9度时应按比9度更高的要求采取抗震措施。同时，应按批准的地震安全性评价的结果且高于本地区抗震设防烈度的要求确定其地震作用。

4）适度设防类，允许比本地区抗震设防烈度的要求适当降低其抗震措施，但抗震设防烈度为6度时不应降低。一般情况下，仍应按本地区抗震设防烈度确定其地震作用。

注意： 对于划为重点设防类而规模很小的工业建筑，当改用抗震性能较好的材料且符合抗震设计规范对结构体系的要求时，允许按标准设防类设防。

2.2.2 结构分析

框架结构应进行多遇地震作用下的内力和变形分析，此时，可假定结构与构件处于弹性工作状态，内力和变形分析可采用线性静力方法或线性动力方法。

不规则且具有明显薄弱部位可能导致重大地震破坏的框架建筑结构，应按《抗震规范》有关规定进行罕遇地震作用下的弹塑性变形分析。此时，可根据结构特点采用静力弹塑性分析或弹塑性时程分析方法。

当框架结构在地震作用下的重力附加弯矩大于初始弯矩的 10% 时，应计入重力二阶效应的影响。

结构抗震分析时，应按照楼、屋盖的平面形状和平面内变形情况确定为刚性、分块刚性、半刚性、局部弹性和柔性等的横隔板，再按抗侧力系统的布置确定抗侧力构件间的共同工作并进行各构件间的地震内力分析。

质量和侧向刚度分布接近对称且楼、屋盖可视为刚性横隔板的框架结构，可采用平面结构模型进行抗震分析。其他情况，应采用空间结构模型进行抗震分析。

利用计算机进行结构抗震分析，应符合下列要求：（1）计算模型的建立、必要的简化计算与处理，应符合结构的实际工作状况，计算中应考虑楼梯构件的影响；（2）计算软件的技术条件应符合《抗震规范》的规定，并应阐明其特殊处理的内容和依据；（3）复杂结构在多遇地震作用下的内力和变形分析时，应采用不少于两个合适的不同力学模型，并对其计算结果进行分析比较；（4）所有计算机计算结果，应经分析判断确认其合理、有效后方可用于工程设计。

2.2.3 水平位移限值

在正常使用状态下，限制侧向变形的主要原因有：要防止主体结构开裂、损坏；防止填充墙及装修开裂、损坏；过大的侧向变形会使人有不舒适感，影响正常使用；过大的侧移会使结构产生附加内力。在正常使用状态下（风荷载和小震作用），框架结构楼层内最大的弹性层间位移应符合下式要求：

$$\Delta u_e \leqslant [\theta_e] h \qquad (2\text{-}1)$$

式中 Δu_e——多遇地震作用标准值产生的楼层内最大的弹性层间位移；

$[\theta_e]$——弹性层间位移角限值，框架结构为 1/550；

h——楼层层高。

框架结构在罕遇地震作用下薄弱层的弹塑性变形验算，应符合下式要求：

$$\Delta u_p \leqslant [\theta_p] h \qquad (2\text{-}2)$$

式中 Δu_p——层间弹塑性位移；

h——楼层层高；

$[\theta_\mathrm{p}]$——弹塑性层间位移角限值，框架结构为 1/50；对于框架结构，当轴压比小于 0.4 时，可提高 10%；当柱子全高的箍筋构造比《抗震规范》规定的体积配箍率大 30% 时，可提高 20% 但累计不超过 25%。

2.2.4　构件承载力

框架结构构件的承载力应按下列公式验算：

持久设计状况、短暂设计状况：

$$\gamma_\mathrm{o} S_\mathrm{d} \leqslant R_\mathrm{d} \tag{2-3}$$

地震设计状况：

$$S_\mathrm{d} \leqslant R_\mathrm{d}/\gamma_\mathrm{RE} \tag{2-4}$$

式中　γ_o——结构重要性系数，对安全等级为一级的结构构件不应小于 1.1，对安全等级为二级的结构构件不应小于 1.0；

S_d——作用组合的效应设计值；

R_d——构件承载力设计值；

γ_RE——构件承载力抗震调整系数。

抗震设计时，钢筋混凝土构件的承载力抗震调整系数应按表 2-1 采用；当仅考虑竖向地震作用组合时，各类结构构件的承载力抗震调整系数均应取为 1.0。

钢筋混凝土构件承载力抗震调整系数　　　　　　　　　　　　　　表 2-1

构件类别	梁	轴压比小于 0.15 的柱	轴压比不小于 0.15 的柱	各类构件	节点
受力状态	受弯	偏压	偏压	受剪、偏拉	受剪
γ_RE	0.75	0.75	0.80	0.85	0.85

2.3　框架结构的抗震计算方法

框架结构的抗震计算方法涉及的内容主要有三个方面：地震作用的计算方法、计算简图的选取和地震反应的计算方法。

2.3.1　地震反应和地震作用的概念

结构由于地震地面运动的激发引起振动，产生随时间变化的位移、速度和加速度等，称为结构的地震反应。结构上的质量因为加速度而产生的惯性力称为地震作用。

地震作用按其作用方向可分为水平地震作用和竖向地震作用。水平地震作用引起房层水平振动，是地震时房屋破坏的主要原因；竖向地震作用使房屋上下振动，在震中附近的高烈度区也不能忽视。地震作用的大小，除与地震因素（设防烈度、场地类别、震中距等）有关外，还与结构本身的动力特性（自振周期、阻尼与振型）有关。结构的动力特性又与建筑物的质量和结构刚度有关。通常质量大、刚度大、周期短的建筑物，其地震作用也大。地震作用的计算是结构抗震设计的重要内容，也是进行构件截面设计的重要依据。

2.3.2 地震作用的计算理论和方法

根据目前的强震观测资料以及对结构动力反应的研究，地震作用区别于结构工程中常见的一般静力或动力荷载，具有下述特点：

1）地震作用的间接性。地震作用是由于地面强烈震动，使结构或构件产生不可忽略的加速度，而形成的一种间接作用。间接作用意味着设计时采用的"地震力"是经过推算得到的，如通过反应谱理论换算的，这种换算有一定的近似性。它与结构构件的自重密切相关。

2）地震作用的随机性。地震发生的时间、地点、大小和机制，至今还有许多不确定性。地震作用的随机性是指它的大小以及随时间变化的规律不可能预先确知，而且还是一个多维非平稳的随机过程，但在实际计算中，为简化计算，常作为一维平稳随机过程进行分析。目前各国规范在考虑振型组合时，都简化为平稳随机过程来考虑的。

3）地震作用的多维性。地震作用可以被分解为水平地震作用、竖向地震作用和扭转地震作用，其中对结构影响最大的是水平地震作用，一般工程结构的主要振动形式，对规则结构一般为平动，对不规则结构则为平扭耦联振动。

4）地震作用的耦联性。地震作用的大小取决于其所产生的效果，决定于建筑物所受地震的影响。结构所受地震作用不仅与其自振特性耦联，而且与强度耦联。

5）地震作用的复杂性。地震作用的复杂性主要表现在地面运动的复杂性、地基土影响的复杂性及结构体系的复杂性等方面。

在抗震设计规范中确定地震作用的理论可以分为两大类：静力理论和动力理论。其中动力理论包括：以地震动反应谱为基础的振型分解法、基于振型分解反应谱法的底部剪力法、时程分析法以及随机振动分析方法[2]。

1. 静力理论

静力理论是在 20 世纪初由日本的大森房吉所提出的，该理论创立初期假定地震时结构是刚性结构，从而结构物上任何一点的加速度都等于地震动加速度，并且认为地震时结构物所受地震作用可以简化为一个作用在结构上的均匀分布的不变水平加速度，此加速度所产生的作用在结构上的惯性力就是地震作用，在抗震设计中将其作为一种水平等效静力处理，其结果就是实际上具有前文所述的种种特点的地震作用成了与结构重力成比例的水平荷载。由于在实际结构分析以及震害调查时发现与静力理论假定相背的结构在实际振动中并非完全刚性这一事实，这个理论的进一步发展是假定地震作用与结构的重力的比例随着结构的高度变化。随着强震观测的开始，人们对地震动研究的深入以及结构动力行为规律等的了解和掌握，静力理论的渐失初时光彩。它的缺点主要是：①没有考虑结构物的自振特性（周期、振型与阻尼）；②没有考虑地震作用和结构动力特性的关联；③没有考虑地震动的特点以及场地条件等的影响。

2. 反应谱理论

设计反应谱在工程抗震设计中的应用已有数十年的历史，目前各国的抗震设计规范基本上均以其作为规定地震作用的主要表达方式。它的出现是伴随着强地震动加速度观测记录的增多和地震动性质的进一步的了解以及对结构动力反应特性的研究而发展起来的。

美国 M. Bio 在 20 世纪 40 年代明确提出利用地震动记录计算反应谱的概念，随后美国的 Housnor 于 1948 年提出基于加速度反应谱曲线的弹性反应谱法。由于这一理论正确而简单地反映了地震动的特性，并根据强震观测资料提供了可用的数据，所以，美国加州于 1952 年首先把反应谱理论引入该年颁发的《地震力和风侧力规范中》，以取代过去的静力理论。自 1958 年第一届世界地震工程会议以后，此确定地震作用的方法便被世界上许多国家接受并逐渐被采纳应用到抗震设计规范中。

反应谱理论建立后，在实际抗震设计中使用时，又得到不断的补充、发展和完善，具体发展了基于弹性反应谱理论的振型分解反应谱法和随之发展简化的底部剪力法两种结构地震作用效应的计算方法以及弹塑性反应谱理论。反应谱理论通过反应谱概念将动力问题静力化，在确定地震作用的方法上取得了较大的突破，使得复杂的结构地震作用确定变得简单易行，但是它的缺点也是显然的，主要有以下几点：

1）从形式上讲，反应谱虽能反映整个地震动的特性，但是实际计算的经验表明，它主要决定于地震动加速度记录中最强烈的一段。由此看来反应谱的概念并不能很好地反映地震动的持时特性，而地震破坏的宏观现象表明，持时也是影响结构破坏程度的重要因素。

2）反应谱理论只是弹性范围内的概念，不能很好地反映许多结构在实际地震反应中可能出现的非弹性特性。

3）在设计中，把地震作用当作静力处理，实际上是一种拟静力方法，它只能反应结构的最大弹性地震反应，无法反映结构在地震动过程中性能的变化，对结构在罕遇地震作用下的倒塌分析也无法完成，也无法反映地震动持时和结构非线性的影响。

4）对振型分解反应谱法存在振型组合问题，如难以考虑非一致激励响应；大型、复杂结构难以实现真正意义下的振型分解，尤其是在非线性阶段更无法分解。

5）由于现行规范基于弹性反应谱理论容易使结构设计人员只重视结构强度而忽略了结构所具备的非弹性变形能力。

3. 动力理论

在电子计算机及相关软件技术发展的基础上，结构抗震分析发展进入到能真正反应地震动三要素特性的动力分析阶段。所谓时程分析法也称为逐步积分法或者直接动力法，是根据输入的若干条地震动加速度记录或人工加速度波形，对建筑结构动力增量微分方程直接进行积分，采用逐步积分法计算地震过程中每一时刻结构的地震作用效应，从而可以了解结构在地震中弹性、塑性以及倒塌等各阶段性能的变化状况。此地震反应分析方法便于处理结构非线性问题。其中输入的地震作用是地震动时间过程。一般规定，可以选择与工程场地所处地震环境和场地条件相协调的实际地震动记录，也可以依据设计反应谱和给定的时程包络合成地震动时间过程。与振型分解反应谱法相比，时程分析法的产生已将抗震计算理论由等效静力分析进入直接动力分析，是一种飞跃。在工程结构抗震设计中可用以更真实地描述结构地震反应，校正与补充反应谱法分析的误差与不足。时程分析法的主要进展是：

1）从地震动三要素来看，反应谱法采用的设计反应谱只反映了地震动强度与平均频谱特性，而时程分析则全面反应了地震动强度、谱特征与持续时间三要素对结构振动的影响。

2）反应谱法是基于弹性假设，只能用于结构在地震作用下的弹性分析，而时程分析系直接考虑构件与结构弹塑性特性，可以很好地反映结构振动过程中刚度变化的真实情况以及实际地震波全过程的作用，从而可以正确地找出结构薄弱环节，以便控制在罕遇地震作用下结构弹塑性反应，防止房屋倒塌的产生。

3）反应谱法只能分析最大地震反应，而地震作用是一个时间过程，利用时程法分析法可以反映结构地震反应随时间变化的全过程，由此可以找出各构件出现塑性铰的顺序，判别结构破坏机理。

尽管时程分析法具有以上诸多优于反应谱理论的优点，但是也存在不足，主要有以下几点：

1）计算模型的合理选择困难。目前重大特殊工程结构如核电站、近海平台、大跨度空间结构、大尺寸建筑结构等不但形状复杂，而且结构类型多样，使得为简化计算分析而要建立的合理且尽量符合实际的计算模型越来越困难。

2）地震波输入的不确定性。由于地震波具有强烈的随机性，且结构的弹塑性时程分析也表明结构的地震作用效应随输入地震波的不同结果会产生很大的不同。《抗震规范》也规定根据地震动三要素至少要选择两条实际地震波和一条人工波。

3）在计算过程中要进行刚度矩阵等的不断修正，每一时刻的结果都受到此刻之前的结果的影响等，导致计算分析工作量较大。但是尽管时程分析法有如上所述的一些缺点，但是随着计算机的普及，时程分析法正逐步被抗震设计规范接受。

4. 其他理论

除上述的几种在目前的实际工程中经常应用的较为成熟地震作用确定理论以外，在工程研究中，还有随机振动理论、能量理论、基于性能的抗震设计理论等。

5.《抗震规范》中的地震作用计算方法

通过对以上几种理论的综合分析，结合我国的国情，我国抗震设计规范采用的地震作用的计算方法如下：

1）高度不超过 40m、以剪切变形为主且质量和刚度沿高度分布比较均匀的结构，以及近似于单质点体系的结构，可采用底部剪力法等简化方法。

2）除 1）款外的建筑结构，宜采用振型分解反应谱法。

3）特别不规则的建筑、甲类建筑和表 2-2 所列高度范围的高层建筑，应采用时程分析法进行多遇地震下的补充计算；当取三组加速度时程曲线输入时，计算结果宜取时程法的包络值和振型分解反应谱法的较大值；当取七组及七组以上的时程曲线时，计算结果可取时程法的平均值和振型分解反应谱法的较大值。

采用时程分析法时，应按建筑场地类别和设计地震分组选用实际强震记录和人工模拟的加速度时程曲线，其中实际强震记录的数量不应少于总数的 2/3，多组时程曲线的平均地震影响系数曲线应与振型分解反应谱法所采用的地震影响系数曲线在统计意义上相符，其加速度时程的最大值可按表 2-3 采用。弹性时程分析时，每条时程曲线计算所得结构底部剪力不应小于振型分解反应谱法计算结果的 65%，多条时程曲线计算所得结构底部剪力的平均值不应小于振型分解反应谱法计算结果的 80%。

4）计算罕遇地震下结构的变形，应按《抗震规范》5.5 节的规定，采用简化的弹塑性分析方法或弹塑性时程分析法。

5）平面投影尺度很大的空间结构，应根据结构形式和支承条件，分别按单点一致、多点、多向单点或多向多点输入进行抗震计算。按多点输入计算时，应考虑地震行波效应和局部场地效应。6 度和 7 度 Ⅰ、Ⅱ 类场地的支承结构、上部结构和基础的抗震验算可采用简化方法，根据结构跨度、长度不同，其短边构件可乘以附加地震作用效应系数 1.15～1.30；7 度 Ⅲ、Ⅳ 类场地和 8、9 度时，应采用时程分析方法进行抗震验算。

6）建筑结构的隔震和消能减震设计，采用本教材第 3 章和第 4 章规定的计算方法。

采用时程分析的高层建筑结构　　　　　　　表 2-2

设防烈度、场地类别	建筑高度范围
8 度Ⅰ、Ⅱ类场地和 7 度	＞100m
8 度Ⅲ、Ⅳ类场地	＞80m
9 度	＞60m

注：场地类别按现行国家标准《建筑抗震设计规范》GB 50011—2010（2016 年版）的规定采用。

时程分析所用地震加速度时程曲线的最大值（cm/s²）　　　　表 2-3

地震影响	6 度	7 度	8 度	9 度
多遇地震	18	35(55)	70(110)	140
设防地震	50	100(150)	200(300)	400
罕遇地震	125	220(310)	400(510)	620

注：7 度、8 度时括号内数值分别用于设计基本地震加速度为 0.15g 和 0.30g 的地区，此处 g 为重力加速度。

2.3.3　计算简图处理

在结构计算中，用以代替实际结构，并反应实际结构主要受力和变形特点的计算模型称为结构的计算简图。结构计算简图简化的原则是尽可能反应实际结构的主要受力特征，略去次要因素，便于分析和计算。

地震作用是结构的惯性力，结构的惯性力是结构质量引起的，因此，结构动力计算简图的核心内容是结构质量的描述。描述结构质量的方法有两种：一种是连续化（分布质量）方法；另一种是集中化（集中质量）方法。如采用连续化方法描述结构的质量，结构的运动方程将为偏微分方程的形式，而一般情况下偏微分方程的求解和实际应用不太方便。因此，工程上常采用集中化方法描述结构的质量，以此确定结构动力计算简图。

采用集中质量方法确定结构计算简图的步骤是：先定出结构质量集中位置（质心）；再将区域主要质量集中在质心，将次要质量合并到相邻主要质量的质点上去，采用集中化方法描述结构质量的示例如图 2-1 所示。

确定结构各质点运动的独立参量数为结构运动的体系自由度。空间中的一个自由质点可有三个独立位移，因此，一个自由质点在空间有三个自由度。若限制质点在一个平面内运动，则一个自由质点有两个自由度。结构体系上的质点，由于受到结构构件的约束，其自由度数可能小于自由质点的自由度数。例如，水塔建筑的结构体系，当考虑结构的竖向约束作用而忽略质点竖向位移时，各质点在

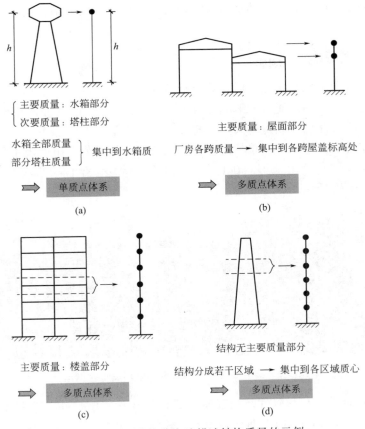

图 2-1　采用集中化方法描述结构质量的示例

（a）水塔建筑；（b）厂房（大型钢筋混凝土屋面板）；（c）多、高层建筑；（d）烟囱

竖直平面内只有一个自由度，称为单自由度体系。

2.3.4　地震反应的计算方法

　　根据自由度的多少可以把结构划分成单自由度体系和多自由度体系，对于单自由度体系和多自由度体系的地震反应（内力、变形、位移、速度和加速度）的计算方法可以参考教材[3] 第 4 章的相关内容，在此不再赘述。

2.4　框架结构的抗震措施

　　抗震措施是指除地震作用计算和抗力计算以外的抗震设计内容，主要包括"内力调整措施"和"抗震构造措施"。因为内力调整措施和抗震构造措施都与抗震等级有关系，因此，先介绍抗震等级的内容，再介绍内力调整措施和抗震构造措施。

2.4.1 抗震等级

延性是指构件或结构屈服后，具有承载能力不降低或基本不降低且具有足够塑性变形能力的一种性能，一般用延性比 μ（极限变形 Δ_u 与屈服变形 Δ_y 之比）表示延性，即塑性变形能力的大小。塑性变形可以消耗地震能量，大部分抗震结构在中震作用下都进入塑性状态而耗能。如图 2-2 所示为汶川地震中什邡市红白镇某两层框架结构严重变形（延性好），但仍未倒塌。延性可以分为材料延性、构件延性和结构延性。

图 2-2　汶川地震中某两层框架结构变形未倒塌

1）材料延性。材料延性是指混凝土或钢材在没有明显应力下降情况下维持变形的能力，可用应力-应变曲线表示。比较钢筋和混凝土两种材料的变形性能，钢材的延性远好于混凝土。故要保证钢筋混凝土构件有良好的延性，必须使构件的破坏先是由钢筋强度不足而引起的，即要做到"强混凝土弱钢筋"；同时还要尽可能提高混凝土的变形性能，即应配置能横向约束混凝土的封闭式箍筋。

2）构件延性。混凝土结构的基本构件主要是指框架梁、框架柱、梁柱节点、剪力墙的墙肢和连梁。由五种基本构件发生破坏的特点可知，若构件的破坏是钢筋屈服引起的，则构件一般均有良好的延性；若构件的破坏是由混凝土破碎引起的，则构件的延性均较差。所以要保证构件有很好的延性的最主要措施是避免出现因混凝土破碎引起的破坏。控制构件的破坏形态，也就从根本上控制了构件的延性。

3）结构延性。结构总体延性是指整个结构体系承受变形的能力，多用位移表示，如框架水平力-顶点位移曲线、层间剪力-层间位移曲线。一个结构抵抗强烈地震的能力强弱，主要取决于这个结构对地震能量"吸收与耗散"能力的大小。要使结构在遭遇强烈地震时具有很强的抗倒塌能力，最理想的是使结构中的所有构件均具有很高的延性。然而，在实际工程中很难做到这一点。有效的办法是有选择地重点提高结构中的重要构件及某些构件中关键部位的延性。在设计时有意识地设置一系列有利的屈服区，使这些并不危险的部位首先形成塑性铰，来消耗能量，这样结构既可承受反复的塑性变形而又不倒塌。从地震中建筑物破坏和倒塌的过程中认识到，建筑物在地震时要免于倒塌和严重破坏，对于框架结构中的构件，发生强度屈服的顺序应该符合杆件先于节点、梁先于柱。因此，进行框架抗震设计时，需要遵循以下设计原则：强柱弱梁、强剪弱弯、强节点、弱构件、强锚固。

《抗震规范》采用两种具体途径来控制结构的延性：一种是通过抗震措施（内力调整）来控制构件的破坏形态，另一种是通过规定具体的构造措施来实现其他延性的要求。《抗震规范》又将延性要求分成四个层次：最好、好、较好、一般，来满足不同的抗震要求。

采用不同的内力调整系数来达到不同层次的延性水平，相应地将结构和构件的抗震要求分成不同层次的抗震措施等级；采用各种不同的具体构造规定来达到不同层次的延性水平，相应地将结构和构件的抗震要求分成不同层次的抗震构造措施等级。不论是抗震措施等级还是抗震构造措施等级均分为四等，统称为抗震等级。实际上，抗震等级的划分就体现了延性要求的不同层次。抗震措施（内力调整）所用的抗震等级受设防类别、烈度、结构类型和房屋高度四个因素的影响；抗震构造措施所用的抗震等级受设防类别、烈度、结构类型、房屋高度和场地类别五个因素的影响。

《抗震规范》规定丙类建筑的抗震等级应按表 2-4 确定。该表设防类别定位的是丙类建筑，场地类别定位的是Ⅱ类场地；抗震设防类别为甲、乙、丁类，场地类别为Ⅰ、Ⅲ、Ⅳ类的抗震等级不能直接应用该表，应对设防烈度调整后再查表 2-4。考虑抗震措施等级时设防烈度的调整见表 2-5，考虑抗震构造措施等级时设防烈度的调整见表 2-6。

钢筋混凝土房屋抗震等级的确定，尚应符合下列要求：

1）设置少量抗震墙的框架结构，在规定的水平力作用下，底层（计算嵌固端所在的层）框架部分所承担的地震倾覆力矩大于结构总地震倾覆力矩的 50% 时，其框架的抗震等级应按框架结构确定，抗震墙的抗震等级可与其框架的抗震等级相同。

2）裙房与主楼相连，除应按裙房本身确定抗震等级外，相关范围（主楼周边外延 3 跨且不小于 20m）不应低于主楼的抗震等级；主楼结构在裙房顶板对应的相邻上下各一层应适当加强抗震构造措施。裙房与主楼分离时，应按裙房本身确定抗震等级。

3）当地下室顶板作为上部结构的嵌固部位时，地下一层的抗震等级应与上部结构相同，地下一层以下抗震构造措施的抗震等级可逐层降低一级，但不应低于四级。地下室中无上部结构的部分，抗震构造措施的抗震等级可根据具体情况采用三级或四级。

4）当甲乙类建筑按规定提高一度确定其抗震等级而房屋的高度超过表2-4相应规定的上界时，应采取比一级更有效的抗震构造措施。

现浇钢筋混凝土结构房屋的抗震等级　　　　表2-4

减振结构类型		设防烈度			
		6	7	8	9
框架结构	高度(m)	≤24　　>24	≤24　　>24	≤24　　>24	≤24
	框架	四　　三	三　　二	二　　一	一
	大跨度框架	三	二	一	一
框架-抗震墙结构	高度(m)	≤60　　>60	≤24　25~60　>60	≤24　25~60　>60	≤24　25~50
	框架	四　　三	四　　三　　二	三　　二　　一	二　　一
	抗震墙	三	三　　二	二　　一	一
抗震墙结构	高度(m)	≤80　　>80	≤24　25~80　>80	≤24　25~80　>80	≤24　25~60
	剪力墙	四　　三	四　　三　　二	三　　二　　一	二　　一
部分框支剪力墙结构	高度(m)	≤80　　>80	≤24　25~80　>80	≤24　25~80	
	抗震墙 一般部位	四　　三	四　　三　　二	三　　二	
	抗震墙 加强部位	三　　二	三　　二　　一	二　　一	
	框支层框架	二	二	一　　一	
框架-核心筒结构	框架	三	二	一	一
	核心筒	二	二	一	一
筒中筒结构	外筒	三	二	一	一
	内筒	三	二	一	一
板柱-抗震墙结构	高度(m)	≤35　　>35	≤35　　>35	≤35　　>35	
	框架、板柱的柱	三　　二	二　　二	一	
	抗震墙	二　　二	二　　二	二	

注：1. 建筑场地为Ⅰ类时，除6度外应允许按表内降低一度所对应的抗震等级采取抗震构造措施，但相应的计算要求不应降低；

2. 接近或等于高度分界时，应允许结合房屋不规则程度及场地、地基条件确定抗震等级；

3. 大跨度框架指跨度不小于18m的框架；

4. 高度不超过60m的框架-核心筒结构按框架-抗震墙结构的要求设计时，应按表中框架-抗震墙结构的规定确定其抗震等级。

确定抗震措施（内力调整）等级时采用的设防烈度　　　　表2-5

设防类别	6	7	7(0.15g)	8	8(0.30g)	9
甲	7	8		9		9+
乙	7	8		9		9+

续表

设防类别	6	7	7(0.15g)	8	8(0.30g)	9
丙	6	7		8		9
丁	6	7—		8—		9—

注：7—、8—、9—分别表示比7度、8度、9度适当降低的要求；9+表示比9度更高的要求。

确定抗震构造措施等级时采用的设防烈度　　　　表2-6

设防类别	6		7		7(0.15g)			8		8(0.30g)			9	
场地类别	Ⅰ	Ⅱ、Ⅲ、Ⅳ	Ⅰ	Ⅱ、Ⅲ、Ⅳ	Ⅰ	Ⅱ	Ⅲ、Ⅳ	Ⅰ	Ⅱ、Ⅲ、Ⅳ	Ⅰ	Ⅱ	Ⅲ、Ⅳ	Ⅰ	Ⅱ、Ⅲ、Ⅳ
甲	6	7	7	8	7	8	9	8	9	8	9	9+	9	9+
乙	6	7	7	8	7	8	9	8	9	8	9	9+	9	9+
丙	6	6	6	7	6	7	8	7	8	7	8	9	8	9

2.4.2　内力调整措施

　　钢筋混凝土框架为了满足三水准抗震设防标准，即"小震不坏，中震可修，大震不倒"，其设计要求是：在正常使用荷载及小震（或风载）作用下，结构应处于弹性状态；在中等强度地震作用下（相当于设防烈度的地震），允许结构进入弹塑性状态，但裂缝宽度不能过大，结构应具有足够的承载力、延性及良好吸收地震能量的能力，框架不发生严重破坏；在强烈地震作用下（相当于罕遇烈度的地震），结构处于弹塑性状态，框架应具有足够的延性且不允许倒塌。因此，为了满足"中震可修，大震不倒"的要求，必须把框架结构设计成延性框架。由于延性框架有较大的塑性变形能力，可以利用其塑性变形吸收和耗散大量的地震能量，且塑性变形使结构的刚度降低，因此，结构的地震作用大大减小。只要延性框架有足够的塑性变形能力，就可以实现"中震"及"大震"作用下的设防目标。

　　从地震中建筑物破坏和倒塌的过程中认识到，建筑物在地震时要免于倒塌和严重破坏，对于框架结构中的构件，发生强度屈服的顺序应该符合杆件先于节点、梁先于柱。因此，进行框架抗震设计时，需要遵循以下设计原则：强柱弱梁、强剪弱弯、强节点、弱构件、强锚固。

　　强柱弱梁是指框架结构中，塑性铰应首先在梁端出现，尽量避免或减少在柱中出现，使结构形成梁铰机制，避免结构形成柱铰机制。即通过内力的调整措施，控制同一节点梁、柱的相对承载力，使同一节点处的柱端实际受弯承载力大于梁端实际受弯承载力。根据抗震等级的不同，强柱弱梁内力调整的系数取值不同，调整的程度也不相同，具体计算公式参考《抗震规范》6.2节。

　　强剪弱弯是指构件（框架梁和框架柱）在弯曲屈服（延性较好的破坏）之

前，不允许出现脆性的剪切破坏。即通过内力的调整措施，要求构件的受剪承载力大于其受弯承载力对应的剪力。根据抗震等级的不同，强剪弱弯内力调整的系数取值不同，调整的程度也就不相同，具体计算公式参考《抗震规范》6.2 节。

强节点、弱构件、强锚固是指在构件塑性铰充分塑性转动之前，节点不出现破坏。即通过内力的调整措施，要求节点核心区的受剪承载力大于节点两侧框架梁达到受弯承载力时对应的核心区的剪力；同时还要保证伸入核心区内的梁、柱纵向钢筋应具有足够的锚固长度，保证梁、柱纵向钢筋能发生弯曲屈服。根据抗震等级的不同，节点内力调整的系数取值不同，调整的程度也就不相同，具体计算公式参考《抗震规范》6.2 节。

2.4.3 抗震构造措施

抗震构造措施是根据抗震概念设计原则，一般不需计算而对结构和非结构各部分必须采取的各种细部要求，包括结构构件（框架梁、框架柱和节点）的抗震构造措施及非结构构件（填充墙和女儿墙等）的抗震构造措施。框架结构构件的抗震构造措施参考《抗震规范》6.3 节，根据抗震等级的不同，结构构件抗震构造措施严格程度不同。框架结构非构件的抗震构造措施参考《抗震规范》13.3 节。

参考文献

[1] 中华人民共和国国家标准.建筑抗震设计规范 GB 50011—2010（2016 年版）[S].北京：中国建筑工业出版社，2016.
[2] 吴鹏飞，曹加良.地震作用及其确定理论 [J].科技信息，2009，04（10）：312-313.
[3] 张新中，王廷彦.建筑结构抗震设计 [M].西安：西安交通大学出版社，2017.

第3章

框架结构隔震设计与计算方法

3.1 隔震系统的组成与类型

3.1.1 隔震系统的组成

隔震系统一般由隔震器、阻尼器、地基微震动与风反应控制装置等部分组成，在实际应用中，通常可使几种功能由同一元件完成，以方便使用[1]。

1. 隔震器

隔震器的主要作用有以下3点[1]：

1）在竖向支撑建筑物的重量。

2）在水平向具有弹性，能提供一定的水平刚度，延长建筑物的基本周期，以避开地震动的卓越周期，降低建筑物的地震反应。

3）能提供较大的变形能力和自复位能力。

常用类型有：叠层橡胶支座、螺旋弹簧支座、摩擦滑移支座等。目前，国内外应用最广泛的是叠层橡胶支座，它又可分为普通橡胶支座、铅芯橡胶支座、高阻尼橡胶支座等。

2. 阻尼器

阻尼器的主要作用有以下2点[1]：

1）吸收或耗散能量，抑制结构产生大的位移反应。

2）在地震终了时帮助隔震器迅速复位。

常用类型有：弹塑性阻尼器、黏弹性阻尼器、黏滞阻尼器、摩擦阻尼器等。

3. 地基微震动与风反应控制装置

地基微震动与风反应控制装置的主要作用是增加隔震系统的初期刚度，使建筑物在风荷载或地震作用下保持稳定[2]。

3.1.2 隔震系统的类型

常用的隔震系统主要有叠层橡胶支座隔震系统、摩擦滑移加阻尼器隔震系统、摩擦滑移摆隔震系统等。其中叠层橡胶支座隔震系统技术相对成熟，应用最为广泛，尤其是铅芯橡胶支座和高阻尼橡胶支座系统，由于不用另附阻尼器，施工简单易行，在国际上十分流行。

《建筑抗震设计规范》GB 50011—2010（2016年版）[1] 和《建筑隔震设计标准》GB/T 51408—2021[3] 仅针对叠层橡胶支座给出了有关的设计要求，因此下面主要介绍叠层橡胶支座系统的类型与性能。

3.1.3 隔震装置的构造、性能、试验

在隔震装置中，隔震支座占有重要地位。隔震支座有以下要求[4]：

1）具有较大的竖向承载力与竖向刚度，以保证承受上部结构的自重。

2）水平方向上较为柔软，以保证隔震支座的隔震效果，即应有使建筑物恢复到原位置的刚度，同时应注意保证水平方向有较大的变形能力，以充分发挥隔震效果。

3）除了良好的力学性能，隔震支座还要有良好的耐久性与稳定的质量，以保证能够长期稳定地承受荷载。

4）为了确保隔震支座的性能正常发挥，应当重视隔震支座的后期维护工作，及时维护、更换。

目前技术比较成熟、有较多工程应用的隔震支座主要有普通叠层橡胶支座、铅芯叠层橡胶支座、高阻尼叠层橡胶支座。

1. 普通叠层橡胶支座（LNR）

普通叠层橡胶支座采用拉伸较强、徐变较小、温度变化对性能影响不大的天然橡胶制作而成，见图 3-1，这种支座具有高弹性、低阻尼的特点。为取得所需的隔震层的滞回性能，普通叠层橡胶支座必须和阻尼器配合使用[5]。

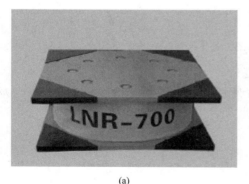
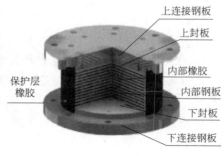

(a)   (b)

图 3-1　普通叠层橡胶支座

（a）实物图；（b）构造图

2. 铅芯叠层橡胶支座（LRB）

铅芯叠层橡胶支座是在叠层橡胶支座的中部圆形孔中压入铅而成，见图 3-2。由于铅具有较低的屈服点和较高的塑性变形能力，可使铅芯叠层橡胶支座的阻尼比达到 20％～30％。铅芯橡胶支座既具有隔震作用，又具有阻尼作用，因此可单独使用，无须另设阻尼器，使隔震系统的组成变得比较简单，可以节省空间，在施工上也比较有利[6]。

(a)　　　　　　　　　　　　　　　(b)

图 3-2　铅芯叠层橡胶支座

(a) 实物图；(b) 构造图

3. 高阻尼叠层橡胶支座

高阻尼橡胶支座构造与天然橡胶支座相似，不同之处在于在天然橡胶和合成橡胶的橡胶聚合物中，加入填充剂、补强剂、可塑剂、硫化剂等配合剂，制成高阻尼橡胶，见图 3-3。高阻尼橡胶支座不仅具备天然橡胶支座的水平和竖向性能，还具有较强的阻尼性能。

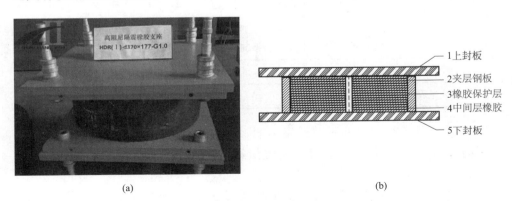

(a)　　　　　　　　　　　　　　　(b)

图 3-3　高阻尼叠层橡胶支座

(a) 实物图；(b) 构造图

3.2 隔震结构设计要求

3.2.1 隔震结构方案的选择

隔震结构主要用于高烈度地区或使用功能有特别要求的建筑，符合以下各项要求的建筑可采用隔震方案[1]：

1）不隔震时结构基本周期小于 1.0s 的多层砌体房屋、钢筋混凝土框架房屋等。

2）体型基本规则，且抗震计算可采用底部剪力法的结构。

3）建筑场地宜为 I、II、III 类，并应选用稳定性较好的基础类型。

4）风荷载和其他非地震作用的水平荷载标准值产生的总水平力，不宜超过结构总重力的 10%。

5）隔震建筑方案的采用，应根据建筑抗震设防类别、设防烈度、场地条件、建筑结构方案和建筑使用要求，进行技术、经济可行性综合比较后确定。

当不满足以上要求时，应进行详细的结构分析并采取可靠的措施。体型复杂或有特殊要求的结构采用隔震方案时，宜通过模型试验后确定。

3.2.2 上部结构的设计要求

1）隔震层以上结构的总水平地震作用不得低于非隔震结构在 6 度设防时的总水平地震作用，并应进行抗震验算。

2）隔震层以上结构的水平地震作用应根据水平向减震系数确定，见表 3-1。

层间剪力最大比值与水平向减震系数的对应关系　　　　　　　　表 3-1

层间最大剪力比值	0.53	0.35	0.26	0.18
水平向减震系数 β	0.75	0.50	0.38	0.25

3）由于隔震层对竖向隔震效果不明显，故当设防烈度为 9 度时和 8 度且水平向减震系数不大于 0.3 时，隔震层以上的结构应进行竖向地震作用的计算。

4）隔震后的上部结构按有关规范和规定进行设计时，地震作用可以降低，抗震措施也可以适当降低。

5）隔震后的上部结构的抗震措施，设防烈度降低标准见表 3-2[1]。

水平向减震系数与隔震后上部结构抗震措施所对应烈度的分档　　　表 3-2

本地区设防烈度（设计基本地震加速度）	水平向减震系数 β		
	$0.53 \geqslant \beta \geqslant 0.40$	$0.40 > \beta > 0.27$	$\beta \leqslant 0.27$
$9(0.40g)$	$8(0.30g)$	$8(0.20g)$	$7(0.15g)$
$8(0.30g)$	$8(0.20g)$	$7(0.15g)$	$7(0.10g)$
$8(0.20g)$	$7(0.15g)$	$7(0.10g)$	$7(0.10g)$
$7(0.15g)$	$7(0.10g)$	$7(0.10g)$	$6(0.05g)$
$7(0.10g)$	$7(0.10g)$	$6(0.05g)$	$6(0.05g)$

3.2.3　隔震层的设计要求

1）隔震层由隔震支座、阻尼装置和抗风装置组成。阻尼装置和抗风装置既可与隔震支座合为一体，亦可单独设置，必要时可设置限位装置。

2）同一隔震层选用多种类型、规格的隔震装置时，每个隔震装置的承载力和水平变形能力应能充分发挥，所有隔震装置的竖向变形应保持一致。橡胶类支座不宜与摩擦摆等钢支座在同一隔震层中混合使用。

3）隔震层采用摩擦摆隔震支座时，应考虑支座水平滑动时产生的竖向位移，及其对隔震层和结构的影响。

4）当隔震层采用隔震支座和阻尼器时，应使隔震层在地震后基本恢复原位，隔震层在罕遇地震作用下的水平最大位移所对应的恢复力，不宜小于隔震层屈服力和摩阻力之和的 1.2 倍[3]。

3.2.4　隔震层以下结构的设计要点

1）隔震层下部结构的承载力验算应考虑上部结构传递的轴力、弯矩、水平剪力，以及由隔震层水平变形产生的附加弯矩。

2）隔震层支墩、支柱及相连构件应采用在罕遇地震作用下隔震支座底部的竖向力、水平力和弯矩进行承载力验算，且应按抗剪弹性、抗弯不屈服考虑进行计算。

3）隔震层以下的地下室，或塔楼底盘结构中直接支撑隔震塔楼的部分及其相邻一跨的相关构件，应满足设防烈度地震作用下的抗震承载力要求，层间位移角限值应符合表 3-3 的规定。

4）隔震层以下且地面以上的结构在罕遇地震下的层间位移角限值尚应符合表 3-4 的规定。

5）特殊设防类建筑尚应进行极罕遇地震作用下的变形验算，其层间位移角限值应符合表 3-5 的规定。

下部结构在设防烈度地震作用下弹性层间位移角限值　　　表 3-3

下部结构类型	$[\theta_p]$
钢筋混凝土框架结构	1/500
底部框架砌体房屋中的框架-抗震墙、钢筋混凝土框架-抗震墙、框架-核心筒	1/600
板柱-抗震墙、钢筋混凝土抗震墙结构	1/700
钢结构	1/300

下部结构在罕遇地震作用下弹塑性层间位移角限值　　　表 3-4

下部结构类型	$[\theta_p]$
钢筋混凝土框架结构	1/100
底部框架砌体房屋中的框架-抗震墙、钢筋混凝土框架-抗震墙、框架-核心筒	1/200
板柱-抗震墙、钢筋混凝土抗震墙结构	1/250
钢结构	1/100

下部结构在极罕遇地震作用下弹塑性层间位移角限值　　　表 3-5

下部结构类型	$[\theta_p]$
钢筋混凝土框架结构	1/60
底部框架砌体房屋中的框架-抗震墙、钢筋混凝土框架-抗震墙、框架-核心筒	1/130
板柱-抗震墙、钢筋混凝土抗震墙结构	1/150
钢结构	1/60

3.2.5　隔震层的连接构造

1. 隔震层与上部结构的连接构造要求

隔震层顶部应设置梁板式楼盖，且应满足以下要求[1]：

1）隔震支座的相关部位应采用现浇混凝土梁板结构，现浇板厚度不应小于 160mm。

2）隔震层顶部梁、板的刚度和承载力，宜大于一般楼盖梁板的刚度和承载力。

3）与隔震支座连接的梁、柱、墩等应考虑水平受剪和竖向局部承压，并采取可靠的构造措施，如加密箍筋或配置网状钢筋。

2. 隔震支座和阻尼装置的连接构造要求

1）隔震支座与上部结构、下部结构之间的连接件，应能传递罕遇地震下支座的最大水平剪力和弯矩。

2）隔震支座和阻尼装置应安装在便于维护人员接近的部位。

3）外露的预埋件应有可靠的防锈措施。预埋件的锚固钢筋应与钢板牢固连接，锚固钢筋的锚固长度宜大于20倍锚固钢筋直径，且不应小于250mm。

3.2.6 隔震层的橡胶隔震支座要求

1）同一房屋选用多种规格的隔震支座时，应注意充分发挥每个橡胶支座的承载力和水平变形能力。

2）同一支承处选用多个隔震支座时，隔震支座之间的净距应大于安装操作所需要的空间要求。

3）在罕遇地震作用下，隔震支座不宜出现拉应力，当少数隔震支座出现拉应力时，其拉应力不应大于1MPa。

4）同一隔震层内各个橡胶隔震支座的竖向压应力宜均匀，重力荷载代表值下竖向平均应力不应超过乙丙类建筑的限值15MPa。在罕遇地震作用下，隔震支座压应力不应大于30MPa。

5）隔震支座的极限水平变位应小于其有效直径的0.55倍和内部橡胶总厚度3倍两者的较小值。

3.3 隔震结构的计算方法

3.3.1 隔震结构地震作用计算

隔震体系的计算简图[1]，应增加由隔震支座及其顶部梁板组成的质点；对变形特征为剪切型的结构可采用剪切模型，见图3-4；当隔震层以上结构的质心与隔震层刚度中心不重合时，应计入扭转效应的影响。隔震层顶部的梁板结构，应作为其上部结构的一部分进行计算和设计。

1. 水平地震作用计算

隔震层以上结构的水平地震作用应根据水平向减震系数确定；水平向减震系数，对于多层建筑，为按弹性计算所得的隔震与非隔震各层剪力的最大比值；对于高层结构，尚应计算隔震与非隔震各层倾覆力矩的最大比值，并与层间剪力的最大比值先比较，取两者的较大值；隔震层以上结构的总水平地震作用不得低于非隔震结构在6度设防时的总水平地震作用，应进行抗震验算。各楼层的水平地震剪力尚应符合对本地区设防烈度的最小地震剪力系数的规定。

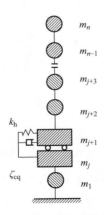

图3-4 隔震结构计算简图

水平地震影响系数最大值可按下式计算：

$$\alpha_{max1} = \beta \alpha_{max} / \psi \tag{3-1}$$

式中　α_{max1}——隔震后的水平地震影响系数最大值；

　　　α_{max}——非隔震的水平地震影响系数最大值；

　　　β——水平向减震系数；

　　　ψ——调整系数；一般橡胶支座，取 0.80；支座剪切性能偏差为 S-A 类，取 0.85；隔震装置带有阻尼器时，相应减少 0.05。

弹性计算时，简化计算和反应谱分析时宜按隔震支座水平剪切应变为 100％ 时的性能参数进行计算；当采用时程分析法时按设计基本地震加速度输入进行计算；隔震层以上结构的总水平地震作用不得低于非隔震结构在 6 度设防时的总水平地震作用，并应进行抗震验算。

2. 竖向地震作用计算

9 度和 8 度且水平向减震系数不大于 0.3 时，隔震层以上的结构应进行竖向地震作用计算。隔震层以上结构的竖向地震作用标准值，8 度（0.20g）、8 度（0.30g）和 9 度时分别不应小于隔震层以上结构总重力荷载代表值的 20％、30％和 40％。隔震层以上结构竖向地震作用标准值计算时，各楼层可视为质点，按规范对常规结构形式的计算公式计算其竖向地震作用标准值沿高度的分布。

3.3.2　隔震结构地震反应计算

1. 时程分析法

对隔震结构的动力分析，一般采用时程分析法[1] 进行计算；计算模型与一般结构区别不大，但需要考虑隔震结构的地震反应特点，简化分析。对于一般结构，可采用层剪切模型，隔震层按等效线性模型，考虑隔震层的有效刚度和有效阻尼比。对于复杂的结构，应采用考虑扭转的空间模型进行分析，并考虑隔震层的非线性特征。

当需要考虑双向水平地震作用下的扭转地震作用效应时，其值可按式（3-2）和式（3-3）中的较大值确定：

$$S = \sqrt{S_x^2 + (0.85 S_y)^2} \tag{3-2}$$

$$S = \sqrt{S_y^2 + (0.85 S_x)^2} \tag{3-3}$$

式中　S_x——仅考虑 X 向水平地震作用时的地震作用效应；

　　　S_y——仅考虑 Y 向水平地震作用时的地震作用效应。

输入地震波的反应谱特性和数量，应符合规范[1] 第 5.1.2 条的规定，计算结果宜取其包络值；当处于发震断层 10km 以内时，输入地震波应考虑近场影响系数，5km 以内宜取 1.5，5km 以外可取不小于 1.25。

2. 等效侧力法

隔震房屋为砌体房屋或砌体房屋结构基本周期相当的房屋，可采用等效侧力法计算；采用等效侧力法时，隔震结构的地震反应按下规定[1] 计算：

1）采用等效侧力法，层间剪力可按式（3-4）进行计算：

$$V_{ik} = \sum_{j=1}^{n} F_{jk} \tag{3-4}$$

式中　V_{ik}——层间剪力标准值；

　　　F_{jk}——作用于质点 j 的水平地震作用标准值。

2）采用等效侧力法，隔震层的水平位移可按式（3-5）进行计算：

$$u = \lambda_s \frac{F_{ek}}{K} \tag{3-5}$$

式中　u——隔震层水平位移；

　　　λ_s——近场系数；甲、乙类建筑距发震断层不大于 5km 时取 1.5；5～10m 时取 1.25；大于 10km 时取 1.0；丙类建筑可取 1.0。

考虑扭转影响时，第 i 个隔震支座或阻尼装置的水平位移宜乘以下列修正系数，见式（3-6）：

$$\beta_i = 1 + 12er_i/(b^2 + l^2) \tag{3-6}$$

式中　β_i——考虑扭转影响的水平位移修正系数；

　　　e——上部结构质量中心与隔震层刚度中心在垂直于地震作用方向的偏心距，取实际偏心和偶然偏心之和；实际偏心按静心距计算，偶然偏心可取结构物垂直于地震作用方向边长的 0.05 倍；

　　　r_i——第 i 个隔震支座或隔震装置与隔震层刚度中心在垂直于地震作用方向的距离；

　　　b、l——结构平面的短边、长边尺寸。

参考文献

［1］中华人民共和国国家标准. 建筑抗震设计规范 GB 50011—2010（2016 年版）［S］. 北京：中国建筑工业出版社，2016.

［2］王贵康. 近断层地震动作用下双层隔震体系的减震性能研究［D］. 烟台：烟台大学，2020.

［3］中华人民共和国国家标准. 建筑隔震设计标准 GB/T 51408—2021［S］. 北京：中国计划出版社，2021.

［4］张耀庭，潘鹏. 建筑结构抗震设计［M］. 北京：机械工业出版社，2018.

［5］赵秀英，王琪，张志，等. 橡胶复合材料在建筑隔震领域的应用［J］. 中国材料进展，2018，37（08）：597-604.

［6］王凯睿，徐秀丽，李雪红，等. 铅芯橡胶支座非理想工作状态下的力学试验研究［J］. 科学技术与工程，2019，19（10）：216-223.

第4章

框架结构消能减震设计与计算方法

4.1 消能减震装置及恢复力模型

消能减震装置的主要形式有速度相关型、位移相关型，其具体装置及原理在第1章中已介绍，下面主要介绍恢复力模型。

4.1.1 速度相关型消能器的恢复力模型

图4-1为速度相关型消能器的恢复力-变形曲线。速度相关型消能器的恢复力 F 与变形和速度的关系一般可以表示为式（4-1）：

$$F = K_d \Delta + C_d \dot{\Delta} \tag{4-1}$$

式中　K_d、C_d——分别为消能器的刚度和阻尼器系数；

　　　　Δ、$\dot{\Delta}$——分别为消能器的相对位移和相对速度。

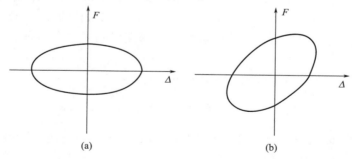

图 4-1　速度相关型消能器的恢复力-变形曲线

（a）黏滞消能器；（b）黏弹性消能器

对于黏滞阻尼器，一般 $K_d = 0, C_d = C_o$，阻尼力仅与速度有关，可表示为式（4-2）：

$$F_d = C_d \dot{\Delta} \tag{4-2}$$

式中　C_o——黏滞阻尼器的阻尼系数，可由阻尼器的产品型号给定或由试验确定。

对于黏弹性阻尼器，刚度 K_d 和阻尼系数一般由式（4-3）确定。

$$K_{\mathrm{d}} = \frac{AG(\omega)}{h} \left.\vphantom{\frac{AG(\omega)}{h}}\right\}$$
$$C_{\mathrm{d}} = \frac{A\eta(\omega)G(\omega)}{\omega h} \left.\vphantom{\frac{A\eta(\omega)G(\omega)}{\omega h}}\right\}$$
(4-3)

式中　$\eta(\omega)$、$G(\omega)$——分别为黏弹性材料的损失因子和剪切模量，一般与频率和速度有关，由黏弹性材料特性曲线确定；

　　　A、h——分别为黏弹性材料层的受剪面积和厚度；

　　　ω——结构振动的频率。

4.1.2　位移相关型消能器的恢复力模型

软钢类消能器具有类似的滞回性能，可采用相似的计算模型，仅其特征参数不同。该类消能器的最理想的数学模型可采用 Ramberg-Osgood 模型，但由于其不便于计算分析，故可采用图 4-2（a）所示的折线型弹性-应变硬化模型来描述，恢复力和变形的关系可表示为式（4-4）：

$$F = K_1 \Delta_{\mathrm{y}} + \alpha_0 K_1 (\Delta - \Delta_{\mathrm{y}})$$
(4-4)

式中　K_1——初始刚度；

　　　α_0——第二刚度系数；

　　　Δ_{y}——屈服变形。

摩擦消能器和铅消能器的滞回曲线近似为矩形，具有较好的库仑特性，且基本不受荷载大小、频率、循环次数等的影响，故可采用图 4-2（b）所示的刚塑性恢复力模型。

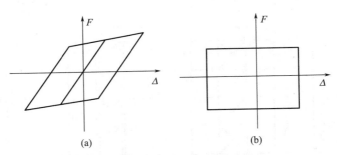

图 4-2　滞变型消能器的力-变形曲线

（a）折线型弹性-应变硬化模型；（b）刚塑性恢复力模型

对于摩擦消能器，恢复力可由式（4-5）计算：

$$F = F_0 \mathrm{sgn}\{\dot{\Delta}(t)\}$$
(4-5)

式中　F_0——静摩擦力。

对于铅挤压阻尼器，恢复力可按式（4-6）计算：

$$F = \beta_1 \sigma_{\mathrm{y}} \ln(A_1/A_2) + f_0$$
(4-6)

式中 β_1——大于 1.0 的系数；

      A_1——铅变形前的面积；

      A_2——发生塑性后的截面面积；

      $f_。$——摩擦力。

4.2 消能减震结构设计要求

4.2.1 消能减震结构方案的选择

    建筑结构消能减震设计方案，应根据建筑抗震设防类别、抗震设防烈度、场地条件、建筑结构方案和建筑使用要求，与采用抗震设计的设计方案进行技术和经济可行性的对比分析后确定。采用消能减震技术结构体系的设计、施工、验收和维护应按现行国家标准《建筑抗震设计规范》GB 50011—2010（2016 年版）[1]和《建筑消能建筑技术规程》JGJ 297—2013[2] 进行，设计安装做法可参考国家建筑标准设计图集《建筑结构消能减震设计》09SG610-2[3]，其产品应符合现行行业标准《建筑消能阻尼器》JG/T 209—2012[4] 的规定。

4.2.2 消能部件的设置

    消能减震结构应根据罕遇地震作用下的预期结构位移控制要求，设置适当的消能部件，消能部件可由消能器及斜支撑、填充墙、梁或节点等组成，见图 4-3。

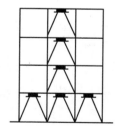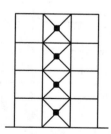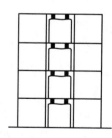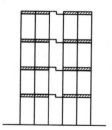

图 4-3 消能器在结构中的设置

    消能减震结构中的消能部件应沿结构的两个主轴方向分别设置，消能部件宜设置在层间变形较大的位置，其数量和分布应通过综合分析合理确定。

4.2.3 消能装置的设计要求

    1）消能器应具有足够的吸收和耗散地震能量的能力和恰当的阻尼；消能部

件附加给结构的有效阻尼比宜大于 10%，超过 20% 时宜按 20% 计算。

2）消能部件应具有足够的初始刚度，其设计参数应符合下列规定：

速度线性相关型消能器与斜撑、填充墙或梁等支承构件组成消能部件时，支承构件沿消能器消能方向的刚度应满足式（4-7）要求：

$$K_b \geqslant (6\pi/T_2)C_D \tag{4-7}$$

式中 K_b——支承构件沿消能器方向的刚度；

T_2——消能减震结构的基本自振周期；

C_D——消能器的线性阻尼系数。

位移相关型消能器与斜撑、填充墙或梁等支承构件组成消能部件时，消能部件的恢复力模型参数宜符合式（4-8）和式（4-9）要求：

$$\Delta U_{py}/\Delta U_{sy} \leqslant 2/3 \tag{4-8}$$

$$(K_p/K_s)(\Delta U_{py}/\Delta U_{sy}) \geqslant 0.8 \tag{4-9}$$

式中 K_p——消能部件在水平方向的初始刚度；

ΔU_{py}——消能部件在水平方向的屈服位移或起滑位移；

K_s——设置消能部件的结构层间刚度；

ΔU_{sy}——设置消能部件的结构层间屈服位移。

3）消能器应具有优良的耐久性能，能长期保持其初始性能。

4）消能器构造应简单，施工方便，易维护。

5）消能器与斜支撑、填充墙、梁或节点的连接，应符合钢构件连接或钢与钢筋混凝土构件连接的构造要求，并能承担消能器施加给连接节点的最大作用力。

4.2.4 消能结构的连接构造要求

1）消能器与主体结构的连接分为支撑型、套索形支撑和墙墩型，设计时应根据工程及消能器的类型合理选择。

2）消能器与支撑、节点板、预埋件的连接可采用高强度螺栓、法兰、焊接或销轴，高强度螺栓及焊接的计算、构造要求应符合现行国家标准《钢结构设计标准》GB 50017—2017[5] 的有关规定。

3）具体设计中，与消能器或消能部件相连的预埋件、支撑和支墩及节点板的设计承载力应按以下要求取值：

（1）位移相关型消能器：不应小于消能器在设计位移下对应阻尼力的 1.2 倍；

（2）速度相关型消能器：不应小于消能器在设计速度下对应阻尼力的 1.2 倍。

4.3 消能减震结构的计算分析方法

1) 当消能减震建筑主体结构处于弹性工作状态，且消能器处于线性工作状态时，可采用振型分解反应谱法、线性时程分析法。

2) 当消能减震建筑主体结构处于弹性工作状态，且消能器处于非线性工作状态时，可将消能器进行等效线性化，采用附加等效阻尼比和等效刚度的振型分解反应谱法、线性时程分析法，也可采用弹塑性时程分析法。

3) 当消能减震建筑主体结构进入弹塑性状态时，应采用静力弹塑性分析方法或弹塑性时程分析法。在线性时程分析和弹塑性时程分析中，消能减震结构的恢复力模型应包括结构恢复力模型。

4) 采用消能减震结构弹塑性时程法分析时，根据主体结构构件弹塑性参数和消能部件的参数确定消能减震结构非线性分析模型，相对于弹性分析模型可有所简化，但两者在多遇地震下的线性分析结果应基本一致。

5) 采用静力弹塑性分析方法分析时，应注意：（1）消能部件中消能器和支撑可采用串联模型，将消能器的刚度和支撑的刚度进行等效，在计算中消能部件采用等刚度的连接杆代替；（2）结构目标位移的确定应根据结构的不同性能来选择，宜采用结构总体高度的 1.5% 作为顶点位移的界限值；（3）消能减震结构的阻尼比由主体结构阻尼比和消能部件附加给结构的有效阻尼比组成，主体结构阻尼比应取结构弹塑性状态时的阻尼比。

6) 当采用底部剪力法、振型分解反应谱法和静力非线性法时，消能部件附加给结构的有效阻尼比可按式（4-10）估算：

$$\xi_a = \sum_j W_{cj} / (4\pi W_s) \tag{4-10}$$

式中　ξ_a——消能减震结构的附加有效阻尼比；

　　W_{cj}——第 j 个消能部件在结构预期层间位移 Δu_j 下往复循环一周所消耗的能量；

　　W_s——设置消能部件的结构在预期位移下的总应变能。

7) 不计及扭转影响时，消能减震结构在水平地震作用下的总应变能 W_s 可按式（4-11）估算：

$$W_s = \frac{1}{2} \sum F_i u_i \tag{4-11}$$

式中　F_i——质点 i 的水平地震作用标准值；

　　μ_i——质点 i 对应于水平地震作用标准值的位移。

8) 速度线性相关型消能器在水平地震作用下往复循环一周所消耗的能量

W_{cj} 可按式（4-12）估算：

$$W_{cj} = (2\pi^2/T_1)C_j\cos^2\theta_j\Delta u_j{}^2 \qquad (4\text{-}12)$$

式中　　T_1——消能减震结构的基本自振周期；

　　　　C_j——第 j 个消能器的线性阻尼系数；

　　　　θ_j——第 j 个消能器的消能方向与水平面的夹角；

　　　　Δu_j——第 j 个消能器两端的相对水平位移。

当消能器的阻尼系数和有效刚度与结构振动周期有关时，可取相应于消能减震结构基本自振周期的值。

9）位移相关型要和速度非线性相关型消能器在水平地震作用下往复循环一周所消耗的能量 W_{cj}，可按式（4-13）估算：

$$W_{cj} = A_j \qquad (4\text{-}13)$$

式中　　A_j——第 j 个消能器的恢复力滞回环在相对水平位移 Δu_j 时的面积。

消能器的有效刚度可取消能器的恢复力滞回环在相对水平位移 Δu_j 时的割线刚度。

10）当采用非线性时程分析法时，消能器附加给结构的有效阻尼比和有效刚度宜根据消能器的恢复力模型确定。

参考文献

[1] 中华人民共和国行业标准. 建筑消能减震技术规程 JGJ 297—2013 [S]. 北京：中国建筑工业出版社，2013.

[2] 中华人民共和国国家标准. 建筑抗震设计规范 GB 50011—2010（2016 年版）[S]. 北京：中国建筑工业出版社，2016.

[3] 中华人民共和国行业标准. 建筑结构消能减震（振）设计 09SG610-2 [S]. 北京：中国计划出版社，2009.

[4] 中华人民共和国行业标准. 建筑消能阻尼器 JG/T 209—2012 [S]. 北京：中国标准出版社，2012.

[5] 中华人民共和国国家标准. 钢结构设计标准 GB 50017—2017 [S]. 北京：中国建筑工业出版社，2017.

第5章
框架结构抗震计算实例

5.1 工程概况

5.1.1 建筑概况

本工程为某市第六中学教学楼，建筑层数为 5 层，总建筑面积 2650m²，首层层高为 4.5m，其余层高为 3.9m，室内外高差为 0.6m，建筑总高度为 20.7m。综合考虑建筑的使用功能，以及受力等多方面因素，柱网采用：9m×7.8m、9m×3m。建筑平面形状为矩形平面，南面房间全部为教室，北面房间为教师办公室、会议室、多功能教室和辅助房间等。建筑外立面颜色为灰色，强烈的竖线条使建筑显得高大挺拔，建筑外立面见图 5-1。

图 5-1 第六中学教学楼建筑图

5.1.2 结构概况及结构设计要求

主体结构为钢筋混凝土框架结构，抗震设防烈度为 8 度，基本地震加速度为 0.30g，建筑场地类别为 Ⅱ 类，设计地震分组为第二组。当地 50 年一遇的基本风压为 0.55kN/m²，地面粗糙度类别为 B 类。结构安全等级为二级。结构设计使用年限为 50 年。建筑物抗震设防分类为重点设防类（乙类），建筑物抗震等级为一级。地基基础设计等级为乙级。要求该结构满足《建筑抗震设计规范》GB 50011—2010（2016 年版）和《混凝土结构设计规范》GB 50010—2010（2015 年版）对结构整体受力性能的要求以及对构件受力性能的要求。

结构的整体受力性能指标包括结构质量比、剪切刚度比、侧移刚度、楼层受剪承载力比、周期比、剪重比、位移比、位移角和刚重比等。结构构件受力性能指标包括剪压比、轴压比、剪扭验算、配筋率、局部稳定性验算等内容。

按照结构估算原则，初步估算的梁柱构件尺寸及平面布置见图 5-2，三维立体图形见图 5-3。

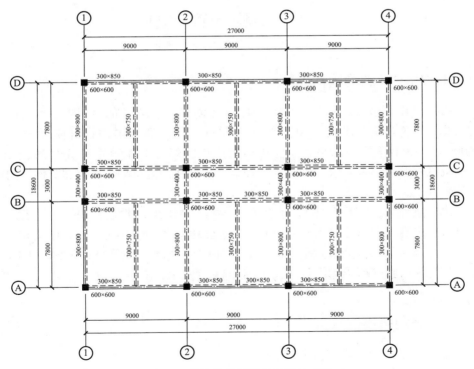

图 5-2　结构构件平面布置及尺寸图

图 5-3　第六中学教学楼结构三维图

5.2　结构计算模型

5.2.1　PKPM 结构软件

PKPM 由中国建筑科学研究院于 1988 年创立，涵盖建筑、结构设计、施工、概预算、绿色建筑与节能、BIM 等诸多领域，目前拥有国内设计院用户超过 15000 家，为我国覆盖面最大、应用最为广泛的建筑工程设计 CAD 集成系统。据权威机构调研结果显示，PKPM 结构设计软件在国内市场应用远超其他国内外设计软件。

PKPM 结构设计软件包含多种模块：PMCAD 建模、PK 二维设计、SATWE 多高层结构设计、SLABCAD 复杂楼板设计、JCCAD 基础设计等。本建筑结构实例主要采用 PKPM 结构设计软件中的 PMCAD 建模和 SATWE 多高层结构设计两个模块。本结构实例采用 PKPM 结构设计软件 2010 版 V5.1.2.1。

5.2.2　结构建模信息

1. 结构截面尺寸与材料强度

1～5 层的框架柱截面尺寸是 600mm×600mm，1～2 层混凝土强度等级为 C40，其余层的混凝土强度等级为 C30。

建筑平面短方向（即横向）的框架梁边跨尺寸为 300mm×800mm，中间跨尺寸为 300mm×400mm，横向次梁截面尺寸均为 300mm×750mm，混凝土强度等级均为 C30。

建筑平面长方向（即纵向）框架梁尺寸均为 300mm×850mm，混凝土强度等级均为 C30。

建筑各层楼板板厚均为 120mm，混凝土强度等级均为 C30。

2. 结构荷载信息

楼面、屋面和走廊的活荷载均为 2.0kN/m²，楼面、走廊的装修恒荷载为 1.7kN/m²（不包括结构板自重），屋面保温防水做法恒荷载为 2.0kN/m²（不包括结构板自重）；框架梁上需要布置填充墙的位置见图 5-4，填充墙厚为 200mm，墙重度为 18kN/m³，开门窗率 40%，门窗重 1/4 墙重，建模时填充墙线荷载按 10kN/m 输入。外墙顶部均有女儿墙，见图 5-5，女儿墙厚度 200mm，荷载按 5kN/m 输入。

3. 荷载及工况

该工程考虑的荷载有：恒荷载（DL）、活荷载（LL）、风荷载（WL）和地震作用（EH）。考虑的荷载效应组合共有两大类：有地震作用参与的组合和无地震作用参与的组合，具体的构件内力基本组合工况（18 种）及系数见表 5-1。

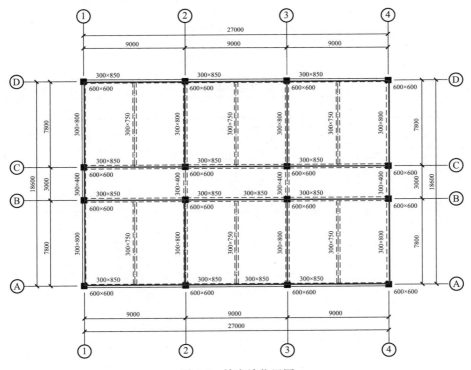

图 5-4　填充墙位置图

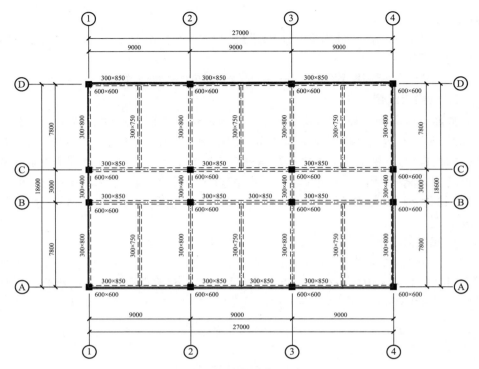

图 5-5　女儿墙位置图

工况组合原则　　　　　　　　　　　　　　　　　　　　　表 5-1

编号	组合		
1	1.30×DL	1.50×LL	
2	1.00×DL	1.50×LL	
3	1.30×DL	1.50×WL	
4	1.30×DL	−1.50×WL	
5	1.00×DL	1.50×WL	
6	1.00×DL	−1.50×WL	
7	1.30×DL	1.50×LL	0.90×WL
8	1.30×DL	1.50×LL	−0.90×WL
9	1.30×DL	1.05×LL	1.50×WL
10	1.30×DL	1.05×LL	−1.50×WL
11	1.00×DL	1.50×LL	0.90×WL
12	1.00×DL	1.50×LL	−0.90×WL
13	1.00×DL	1.05×LL	1.50×WL
14	1.00×DL	1.05×LL	−1.50×WL
15	1.30×DL	0.65×LL	1.30×EH
16	1.30×DL	0.65×LL	−1.30×EH
17	1.00×DL	0.50×LL	1.30×EH
18	1.00×DL	0.50×LL	−1.30×EH

5.3　结构整体计算结果

采用上面所述的 PKPM 程序，对该工程结构按照抗震设防烈度 8 度半（8 度、0.30g）和 7 度半（7 度、0.15g）分别进行结构整体分析，然后对比两者的计算结果。将该工程抗震设防烈度 8 度半的结构模型称为模型 0，将该工程抗震设防烈度 7 度半的结构模型称为模型 1。下面对比模型 0 和模型 1 的计算结果。

5.3.1　结构质量分布

模型 0 和模型 1 的楼层质量比（本层质量除以下一层质量得到的比值为本层质量比）见表 5-2。从表中可以看出，两个模型的质量比一致，每层质量均不大于相邻下部楼层质量的 1.5 倍，楼层质量沿高度均匀分布。恒载产生的总质量为 2289.6t，活载产生的总质量为 692.1t，重力荷载代表值的总质量为 2635.7t。

5.3.2　楼层侧移刚度比

楼层剪力除以层间位移为楼层侧移刚度。侧移刚度比定义：本层侧移刚度与上一层相应塔侧移刚度 70% 的比值或上三层平均侧移刚度 80% 的比值中之较小值。结构长边方向称为 X 方向，短边方向称为 Y 方向，模型 0 和模型 1 在 X、Y 方向的侧移刚度比见表 5-3，从表中可以看出，楼层与其相邻上层的侧向刚度 70% 的比值，与相邻上部三层刚度平均值 80% 的比值均不小于 1.0，说明结构并无侧向刚度不规则的情况。结构布置满足《抗震规范》3.4.3 条关于结构立面规则性的要求，结构不存在软弱层。

层号	恒载质量（t）	活载质量（t）	层质量(t)		质量比	
			模型 0	模型 1	模型 0	模型 1
5	605.2	138.4	743.6	743.6	1.33	1.33
3,4	419.0	138.4	557.4	557.4	1.00	1.00
2	419.0	138.4	557.4	557.4	0.98	0.98
1	427.6	138.4	566.0	566.0	1.00	1.00

质量分布　　　　　　　　　　　　　表 5-2

层号	X 方向		Y 方向	
	模型 0	模型 1	模型 0	模型 1
5	1.00	1.00	1.00	1.00
4	1.42	1.42	1.44	1.44
3	1.43	1.43	1.44	1.44
2	1.31	1.31	1.33	1.33
1	1.39	1.39	1.41	1.41

5.3.3　各楼层受剪承载力

楼层受剪承载力比表示的是本层与上层楼层受剪承载力的比值。模型 0 和模型 1 在 X、Y 方向的楼层受剪承载力和承载力比值见表 5-4。从表中可以看出，各层受剪承载力均不小于相邻上一层楼层受剪承载力的 80%，均满足《抗震规范》立面规则性的要求，说明该结构立面规则、不存在薄弱层。

各楼层受剪承载力及承载力比　　　　　　　　表 5-4

层号	V_x(kN)		V_y(kN)		V_x/V_{xp}		V_y/V_{yp}	
	模型 0	模型 1	模型 0	模型 1	模型 0	模型 1	模型 0	模型 1
5	4472.85	4114.75	4450.57	3839.63	1.00	1.00	1.00	1.00
4	7792.69	4911.08	7727.30	4730.10	1.74	1.19	1.74	1.23
3	9574.52	5812.35	9585.13	5633.57	1.23	1.18	1.24	1.19
2	10633.33	6550.40	10581.39	6517.81	1.11	1.13	1.10	1.16
1	12372.40	6585.38	13152.01	6770.99	1.16	1.01	1.24	1.04

5.3.4　结构周期及振型方向

从表 5-5 中可以看出，模型 0 和模型 1 在前 10 阶振型的周期及振动方向均一致，模型 0 和模型 1 的基本周期均为 0.8614s，第一振型均为 Y 向平动，第一振型均未出现扭转振型，模型 0 和模型 1 扭转为主的第一自振周期 T_t 与平动为主的第一自振周期 T_1 的比值均为 0.89，0.89 不大于 0.9，满足《抗震规范》的规定。

结构周期及振型方向　　　　　　　　　　　　表 5-5

振型号	周期		振动方向	
	模型 0	模型 1	模型 0	模型 0
1	0.8614	0.8614	Y 方向	Y 方向

续表

振型号	周期		振动方向	
	模型 0	模型 1	模型 0	模型 0
2	0.8528	0.8528	X 方向	X 方向
3	0.7683	0.7683	扭转	扭转
4	0.2742	0.2742	Y 方向	Y 方向
5	0.2724	0.2724	X 方向	X 方向
6	0.2443	0.2443	扭转	扭转
7	0.1525	0.1525	Y 方向	Y 方向
8	0.1524	0.1524	X 方向	X 方向
9	0.1358	0.1358	扭转	扭转
10	0.1027	0.1027	X 方向	X 方向

5.3.5　地震作用下结构剪重比

X 向和 Y 向地震作用下，模型 0 和模型 1 的剪重比见表 5-6 和表 5-7。模型 0 的剪重比限值为 4.80%，模型 1 的剪重比限值为 2.40%。从表中可以看出，模型 0 的剪重比均大于 4.80%，模型 1 的剪重比均大于 2.40%，均不需要对两模型的剪重比进行调整，剪重比调整系数均为 1.00。

X 向地震工况下指标　　　　表 5-6

层号	剪重比		剪重比调整系数	
	模型 0	模型 1	模型 0	模型 1
5	20.44%	10.22%	1.00	1.00
4	18.38%	9.19%	1.00	1.00
3	16.50%	8.25%	1.00	1.00
2	14.80%	7.40%	1.00	1.00
1	13.07%	6.53%	1.00	1.00

Y 向地震工况下指标　　　　表 5-7

层号	剪重比		剪重比调整系数	
	模型 0	模型 1	模型 0	模型 1
5	20.37%	10.18%	1.00	1.00
4	18.26%	9.13%	1.00	1.00
3	16.35%	8.18%	1.00	1.00
2	14.66%	7.33%	1.00	1.00
1	12.94%	6.47%	1.00	1.00

5.3.6 结构楼层位移指标（变形验算）

两模型在 X 向和 Y 向的位移比和层间位移比见表 5-8～表 5-11。由表可知：X 向地震作用下模型 0 最大位移比为 1.12，最大层间位移比为 1.20；X 向地震作用下模型 1 最大位移比为 1.07，最大层间位移比为 1.07；Y 向地震作用下模型 0 最大位移比为 1.13，最大层间位移比为 1.13；Y 向地震作用下模型 1 最大位移比为 1.13，最大层间位移比为 1.13。各模型的位移比和层间位移比均不大于 1.2 倍，两模型均不是扭转不规则结构，均满足《抗震规范》对于规则结构的规定，该工程属于规则结构。

X 向正偏心静震（规定水平力）工况的位移 表 5-8

层号	位移比		层间位移比	
	模型 0	模型 1	模型 0	模型 1
2～5	1.07	1.07	1.07	1.07
1	1.06	1.06	1.06	1.06

X 向负偏心静震（规定水平力）工况的位移 表 5-9

层号	位移比		层间位移比	
	模型 0	模型 1	模型 0	模型 1
4,5	1.05	1.05	1.05	1.05
2,3	1.06	1.06	1.05	1.05
1	1.06	1.06	1.06	1.06

Y 向正偏心静震（规定水平力）工况的位移 表 5-10

层号	位移比		层间位移比	
	模型 0	模型 1	模型 0	模型 1
5	1.13	1.13	1.12	1.12
1～4	1.13	1.13	1.13	1.13

Y 向负偏心静震（规定水平力）工况的位移 表 5-11

层号	位移比		层间位移比	
	模型 0	模型 1	模型 0	模型 1
5	1.13	1.13	1.12	1.12
1～4	1.13	1.13	1.13	1.13

X 向和 Y 向地震作用下各模型的最大层间位移角见表 5-12 和表 5-13。模型

0 和模型 1 的最大层间位移角分别为 1/446 和 1/893。模型 0 的最大位移角 1/446 大于 1/550，不满足《抗震规范》对框架结构变形验算规定。模型 1 的最大位移角 1/893 小于 1/550，满足《抗震规范》对框架结构变形验算规定。

X 向地震工况的位移　　　　　　　　表 5-12

层号	最大层间位移角	
	模型 0	模型 1
5	1/1004	1/2009
4	1/636	1/1272
3	1/497	1/994
2	1/446	1/893
1	1/510	1/1021

Y 向地震工况的位移　　　　　　　　表 5-13

层号	最大层间位移角	
	模型 0	模型 1
5	1/988	1/1976
4	1/634	1/1268
3	1/499	1/999
2	1/452	1/904
1	1/520	1/1041

5.3.7　抗倾覆和整体稳定（刚重比）验算

两个模型的抗倾覆验算见表 5-14，两模型的抗倾覆安全系数最小值为 5.83，且均无基础零应力区，均满足规范对于抗倾覆安全系数大于 3 和基底不出现零应力区的规定。

抗倾覆验算　　　　　　　　表 5-14

工况	抗倾覆力矩 M_r(kN·m)		倾覆力矩 M_{ov}(kN·m)		比值 M_r/M_{ov}		零应力区 （%）	
	模型 0	模型 1	模型 0	模型 1	模型 0	模型 1	模型 0	模型 1
EX	4.03e+5	4.03e+5	52205.39	26102.70	7.71	15.42	0	0
EY	2.77e+5	2.77e+5	51692.97	25846.48	5.36	10.72	0	0
WX	4.40e+5	4.40e+5	5735.51	5735.51	76.70	76.70	0	0
WY	3.03e+5	3.03e+5	8257.38	8257.38	36.66	36.66	0	0

两模型在 X 向和 Y 向刚重比验算值见表 5-15 和表 5-16，两模型的最小刚重比均为 39.19，均大于 2.7，满足规范规定，可以不考虑重力二阶效应。两模型在 X 向和 Y 向的最小刚重比也均大于 1.4，满足规范规定的整体稳定性的要求。

刚重比验算 1 表 5-15

层号	X 向刚度 (kN/m)		Y 向刚度 (kN/m)		层高 (m)		上部重量 (kN)	
	模型 0	模型 1	模型 0	模型 1	模型 0	模型 1	模型 0	模型 1
5	4.01e+5	4.01e+5	3.84e+5	3.84e+5	3.90	3.90	12019.86	12019.86
4	3.99e+5	3.99e+5	3.86e+5	3.86e+5	3.90	3.90	21618.91	21618.91
3	4.00e+5	4.00e+5	3.90e+5	3.90e+5	3.90	3.90	31217.97	31217.97
2	4.18e+5	4.18e+5	4.11e+5	4.11e+5	3.90	3.90	40817.02	40817.02
1	4.50e+5	4.50e+5	4.46e+5	4.46e+5	4.50	4.50	50528.40	50528.40

刚重比验算 2 表 5-16

层号	X 向刚重比		Y 向刚重比	
	模型 0	模型 1	模型 0	模型 1
5	129.97	129.97	124.51	124.51
4	71.95	71.95	69.68	69.68
3	49.92	49.92	48.67	48.67
2	39.98	39.98	39.26	39.26
1	40.07	40.07	39.76	39.76

5.3.8 结构整体计算结果分析

通过以上对比分析可以得出，模型 1 各项整体指标均满足规范的要求，模型 0 的层间位移角超过规范限值，不满足规范的要求，需要重新设计或者采用减隔震等新技术进行设计。

5.4 构件受力性能分析

对两模型的结构构件（竖向和水平）的剪压比、轴压比和配筋率等指标的超限情况对比可知。模型 1 不存在构件受力性能指标超规范限值的情况。模型

0 底层框架柱的轴压比和全截面配筋率均超过规范的限定值，均不满足规范的要求。

通过模型 0 和模型 1 的整体受力性能和局部构件受力性能对比可以得出，模型 1 的整体指标和构件受力性能均能满足规范的要求，模型 0 的整体指标和构件受力指标均有不满足规范要求的内容，均需重新设计或采用减隔震新技术进行深化设计。

第6章

框架结构隔震计算实例

6.1 一般设计流程

基本流程设计图如图 6-1 所示。

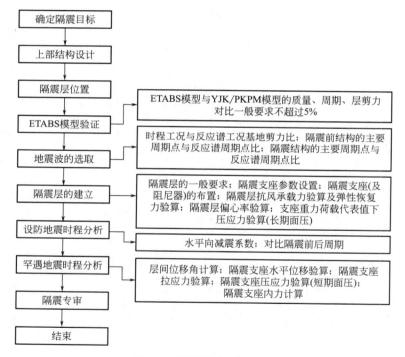

```
确定隔震目标
    ↓
上部结构设计
    ↓
隔震层位置
    ↓
ETABS模型验证 ──→ ETABS模型与YJK/PKPM模型的质量、周期、层剪力
    ↓              对比一般要求不超过5%
地震波的选取 ──→ 时程工况与反应谱工况基地剪力比;隔震前结构的主要
    ↓              周期点与反应谱周期点比;隔震结构的主要周期点与
                  反应谱周期点比
隔震层的建立 ──→ 隔震层的一般要求;隔震支座参数设置;隔震支座(及
    ↓              阻尼器)的布置;隔震层抗风承载力验算及弹性恢复
                  力验算;隔震层偏心率验算;支座重力荷载代表值下
                  压应力验算(长期面压)
设防地震时程分析 ──→ 水平向减震系数;对比隔震前后周期
    ↓
罕遇地震时程分析 ──→ 层间位移角计算;隔震支座水平位移验算;隔震支座
    ↓              拉应力验算;隔震支座压应力验算(短期面压);
隔震专审            隔震支座内力计算
    ↓
结束
```

图 6-1 隔震设计基本流程

6.2 工程概况

工程建筑、结构概况及结构模型信息见第 5 章 5.1 节及 5.2.2 节,该结构按

66

传统抗震设计方法进行计算和设计，本章称第5章的工程结构为抗震结构或传统结构。在传统结构基础上，布置隔震支座的结构，我们称为隔震结构。在选择铅芯橡胶隔震支座直径、数量和平面布置时主要遵循的原则有：

1）根据《建筑抗震设计规范》GB 52011—2010（2016 年版）[1] 第 12.2.3 条规定，各个橡胶隔震支座位于同一隔震层内时其竖向压应力宜均匀，且其值不应超过表6-1的支座的压应力限值。

橡胶隔震支座压应力限值（MPa）　　　　　　　　　　表 6-1

建筑类别	甲类建筑	乙类建筑	丙类建筑
压应力限值	10	12	15

2）隔震支座的最大水平位移应小于 $\min\{0.55D, 3T_r\}$。其中，D 为最小隔震支座直径，T_r 为最小隔震支座的橡胶层总厚度。

3）在罕遇地震作用下，隔震支座不宜出现拉应力，当少数隔震支座出现拉应力时，其拉应力不应大于 1.0MPa。

根据以上原则，选取了两种隔震布置方案，两方案都采用铅芯叠层橡胶支座（LRB）与普通叠层橡胶支座（LNR）混合布置，两种方案的主要区别在于隔震方案 1（又称隔震结构 1）选用的隔震支座有效直径为 600mm，隔震方案 2（又称隔震结构 2）选用的隔震支座有效直径为 700mm。各种橡胶支座布置位置见图 6-2 和图 6-3。

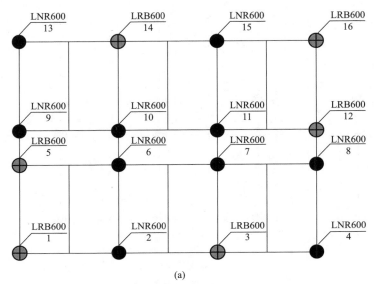

(a)

图 6-2　隔震方案 1（一）

（a）隔震支座平面布置图

(b)

图 6-2　隔震方案 1（二）

（b）隔震支座立面布置图

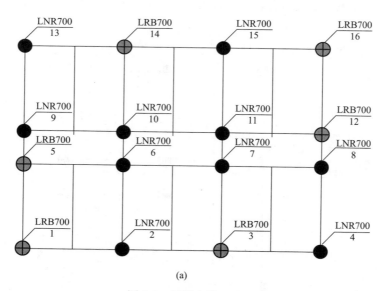

(a)

图 6-3　隔震方案 2（一）

（a）隔震支座平面布置图

(b)

图 6-3　隔震方案 2（二）

（b）隔震支座立面布置图

6.3　结构计算模型

6.3.1　分析模型验证

为了验证 ETABS 模型的准确性，将抗震结构按 7 度 $0.15g$ 进行计算，采用两种软件（ETABS 和 PKPM）分别计算。计算得到的质量对比如表 6-2 所示，计算得到的周期对比见表 6-3，楼层剪力对比见表 6-4，表中误差的计算方法为：$\dfrac{|PKPM-ETABS|}{PKPM}\times100\%$，从表中可见误差均控制在 5% 以内。可见，选用 ETABS 软件作为本工程隔震结构分析的工具是准确的，能较为真实地反映结构的基本特性。

结构的质量对比　　　　　　　　　　　表 6-2

PKPM(t)	ETABS(t)	误差(%)
2636	2722	3.263

结构的周期对比 表 6-3

振型	PKPM(s)	ETABS(s)	误差（%）
1	0.861	0.868	0.813
2	0.853	0.859	0.703
3	0.768	0.776	1.042

结构在反应谱作用下楼层剪力对比 表 6-4

层号	PKPM(kN)		ETABS(kN)		误差（%）	
	X 向	Y 向	X 向	Y 向	X 向	Y 向
5	760	764	757	762	0.57	0.60
4	1196	1223	1188	1215	2.31	2.34
3	1533	1579	1520	1565	2.99	3.02
2	1788	1847	1771	1830	3.30	3.32
1	1948	2013	1929	1994	3.34	3.36

6.3.2 输入的地震动（地震波的选取）

《抗震规范》[1] 第 5.1.2 条中规定：

1）采用时程分析法时，应按建筑场地类别和设计地震分组选用实际强震记录和人工模拟的加速度时程曲线，其中实际强震记录的数量不应少于总数的 2/3，多组时程曲线的平均地震影响系数曲线应与振型分解反应谱法所采用的地震影响系数曲线在统计意义上相符。

2）弹性时程分析时，每条时程曲线计算所得结构基底剪力不应小于振型分解反应谱法计算结果的 65%，多条时程曲线计算所得结构基底剪力的平均值不应小于振型分解反应谱法计算结果的 80%。

3）输入的地震加速度时程曲线的有效持续时间，一般从首次达到该时程曲线最大峰值的 10% 那一点算起，到最后一点达到最大峰值的 10% 为止；不论是实际的强震记录还是人工模拟波形，有效持续时间一般为结构基本周期的 5~10 倍。

建筑结构时程分析选用的地震波主要包括以下三种[2]：

1）拟建场地的实际地震记录：这种地震波是比较理想的选择，然而现实情况却是拟建场地常常没有实际强震记录。再加之地震波强烈的不确定性，使得这种选择很难实现。

2）过去典型的强震记录：这种地震波发生的场地状况与拟建场地状况类似。

3）人工波则是根据拟建场地的具体情况按概率的方法对由地面震动强度、

地面震动频谱特性和地面震动持续时间组成的"地震三要素"进行人工合成的比较合理的地震波。

此外，输入地震波的数量也是影响分析结构准确性的重要因素。输入的地震波数量太少不能保证时程分析结果的合理性；数量太多则会增加大量没有实际意义的设计工作，加重工作人员负担。根据实际工程经验，结合《抗震规范》[1] 的相关要求，在充分考虑"地震动三要素"的情况下，3～5 条地震波就可以保证时程分析结果在合理范围内，但其中应包含不少于两条实际强震记录。

"地震动三要素"包括地震动的强度、频谱特性和持续时间，三要素的基本概念和含义如下：

1）地面震动强度：通常直接输入地面加速度时程曲线，而不选择其速度时程曲线和位移时程曲线。选择的地震波必须与设防烈度要求的多遇地震或罕遇地震的加速度峰值相当。

2）地震动频谱特性：主要包括卓越周期、峰值和地震谱形状等因素。地震动频谱特性与震源机制、震中距、地震波传递途径、场地特征等多种因素相关，强震时场地地面运动的卓越周期与场地土的自振周期接近。因此，必须按照以下两个方面内容来选取合理的地震波。

（1）尽量选择与拟建场地的卓越周期乃至谱形状一致的地震波；

（2）尽量选择与拟建场地的震中距一致的地震波。

3）地面震动持续时间：当结构进入非线性阶段后，耗损的地震能量和结构的地震反应随持续时间的变化而变化。通常实际工程按照以下原则来确定地震动持续时间：

（1）所选择的持续时间应包含地震记录的最强烈部分；

（2）较短的持续时间适用于仅对结构进行弹性最大地震反应分析；较长的持续时间适用于对结构进行弹塑性最大地震反应分析；

（3）通常取结构基本周期的 5～10 倍作为地震动持续时间。

《抗震规范》[1] 第 12.2.2 条规定：建筑结构隔震设计的计算分析，一般情况下，宜采用时程分析法进行计算。本工程隔震分析选取了 3 条地震波，其中 1 条人工波（AW1），2 条天然波（TH1 和 TH2），见图 6-4。计算分析使用 FNA 非线性时程分析，模态分析采用 Ritz 向量法。

小震作用下，按照 8 度 0.3g 的水平地震作用去选波，结构时程地震波与反应谱基底剪力对比见表 6-5，从表中可以看出，每组地震波产生的基底剪力均大于反应谱法基底剪力的 65%，小于反应谱法基底剪力的 135%，X 向和 Y 向平均基底剪力分别为反应谱法的 84% 和 85%，大于反应谱法基底剪力的 80%，小于120%，满足规范要求。

时程地震波反应谱与规范反应谱对比见图 6-4（d），时程地震波与规范反应谱计算的基底剪力对比见表 6-5，抗震结构的时程地震波反应谱与规范反应谱影响系数对比见表 6-6，两隔震结构的时程地震波反应谱与规范反应谱影响系数对比见表 6-7，时程波持续时间统计见表 6-8。从图表中可以看出，各时程地震波均满足规范要求。此外，为了使所选的地震波满足隔震方案 1 中的前三阶周期点的要求，所选的地震波与隔震方案 1 的周期点也做了规范要求的对比，确定这三条所选的地震波满足隔震方案 1 对地震波要求。

抗震结构的时程波与规范反应谱基底剪力对比 　　　表 6-5

地震波		反应谱	AW1	TH1	TH2	平均值
基底剪力（kN）	X 向	4026	3283	3361	3452	3365
	Y 向	3987	3410	3300	3413	3374
比例（%）	X 向	100	82	83	86	84
	Y 向	100	86	83	86	85

抗震结构时程波反应谱与规范反应谱影响系数对比 　　　表 6-6

振型	周期 ETABS(s)	时程平均影响系数	规范反应谱影响系数	时程/规范
1	0.868	1.2076	1.1066	1.0913
2	0.859	1.1971	1.1170	1.0717
3	0.776	1.1461	1.2240	0.9364

隔震结构时程反应谱与规范反应谱影响系数对比 　　　表 6-7

振型	周期 ETABS(s)	时程平均影响系数	规范反应谱影响系数	时程/规范
1	2.870	0.4024	0.4834	0.8325
2	2.867	0.4033	0.4835	0.8341
3	2.337	0.4616	0.5071	0.9103

时程波持续时间统计 　　　表 6-8

地震波	第一次达到该时程曲线最大峰值10%对应的时间（s）	最后一次达到该时程曲线最大峰值10%对应的时间（s）	有效持续时间（s）	结构基本周期（s）		有效持续时间/结构基本周期	
				非隔震	隔震	非隔震	隔震
AW1	0.68	20.8	20.12			23.18	7.01
TH1	1.63	33.26	31.63	0.868	2.870	36.44	11.0
TH2	1.42	50	48.58			55.97	16.3

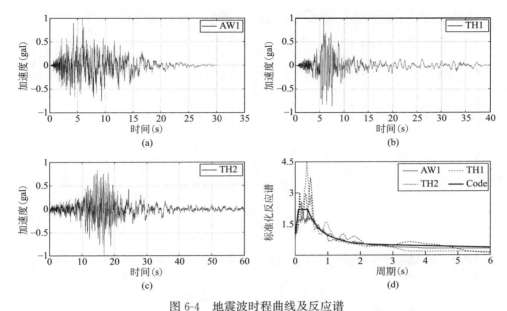

图 6-4　地震波时程曲线及反应谱

（a）AW1 波；（b）TH1 波；（c）TH2 波；（d）时程波反应谱与规范反应谱比较

6.3.3　隔震支座在 ETABS 中的参数定义

通过菜单定义＞截面属性＞连接/支座属性＞添加新属性，弹出如图 6-5～图 6-8 所示的连接单元定义对话框，根据表 6-9 分别定义模拟隔震支座。LRB 和 LNR 的区别在于是否考虑 U2、U3 方向的非线性。

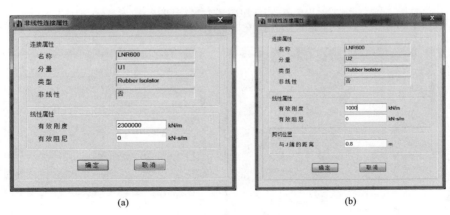

图 6-5　LNR600 参数定义

（a）U1；（b）U2、U3

(a)   (b)

图 6-6   LNR700 参数定义

(a) U1；(b) U2、U3

(a)   (b)

图 6-7   LRB600 参数定义

(a) U1；(b) U2、U3

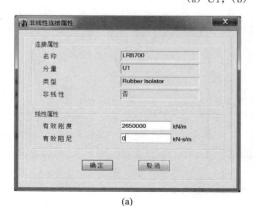

(a)   (b)

图 6-8   LRB700 参数定义

(a) U1；(b) U2、U3

型号		LRB600	LNR600	LRB700	LNR700
有效直径(mm)		600	600	700	700
橡胶剪变模量 $G(\text{N/mm}^2)$		0.392	0.392	0.392	0.392
设计承载力(kN)		3391	3391	4616	4616
100%时水平性能	屈服前刚度(kN/m)	13000	—	16000	—
	屈服后刚度(kN/m)	980	—	1190	—
	等效刚度(kN/m)	1680	—	2070	—
	等效阻尼比(%)	27	—	27	—
250%时水平性能	等效刚度(kN/m)	1091	—	1274	—
	等效阻尼比(%)	13	—	13	—
	屈服后刚度(kN/m)	863	—	1006	—
水平等效刚度(kN/m)		—	1000	—	1220
竖向刚度(kN/mm)		2650	2300	3250	2950
屈服力(kN)		81	—	113	—
第一形状系数		≥15	≥15	≥15	≥15
第二形状系数		≥5	≥5	≥5	≥5
支座总高度 H(mm)		231	231	275	275
内部橡胶总厚度(mm)		115	115	123	123

橡胶隔震支座参数　　　　　表6-9

6.3.4 隔震支座 ETABS 中的布置方法

选择菜单上侧的绘制（R）→绘制连接单元，出现以下对话框，见图6-9。调整视图为立面视图，见图6-10，然后点击以下两个点即完成绘制，见图6-11。

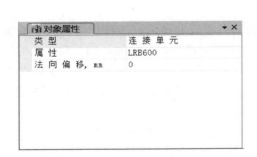

图6-9 绘制连接单元对话框

图6-10 调整立面视图选项

75

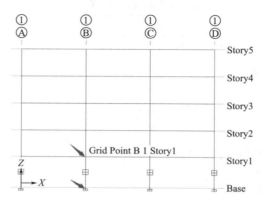

图 6-11   点击这两个点绘制隔震支座

6.4   结构模态（动力特性）分析

6.4.1   隔震结构模态分析

模态分析作为最常用的动力分析方法，具有其独特的优势，它是对线性结构系统最有效的分析方法之一。其主要原理是在计算一组正交向量后，可以将数量众多的平衡方程组通过分离变量法转化为少量的解耦二阶微分方程，大大减少了数值求解的数量和时间。模态分析可以得出结构的周期和振型，为后面的分析提供一定的基础。模态分析的结果展现了结构的一些基本的参数，从而可以判断出结构的部分性能，使设计人员对结构本身能有基础的认识，从而为更加深入的设计和分析奠定基础[3]。

ETABS 中模态解法有以下两种：

1）特征向量法。通过大量的时间和计算机的空间计算了大量的与荷载正交的但不参与响应的结构振型与特征值向量。

2）Ritz 向量法。考虑了荷载分布和动力响应的参与，能够保证对结构精度有益的振型被包含在内，节省了大量的计算时间且结果也更加精确。Ritz 法的初始向量集中包含了静态位移向量，避免了由于高阶振型的截取不当所引起的误差，同时可以激活结构中的非线性变形的自由度，进而产生充足的具有非线性行为的模态，在结构处于弹性阶段时通常采用 FNA 法。

隔震结构 1 的前三阶的自振周期与振动方向结果见表 6-10。

隔震结构 2 的自振周期与振动方向结果见表 6-11。

隔震结构 1 的自振周期和振型　　　　　　　表 6-10

振型	结构周期（s）	X 平动系数	Y 平动系数	Z 扭转系数	X 平动质量参与系数	Y 平动质量参与系数	Z 扭转质量参与系数
1	2.870	0.0004	0.9976	0.0001	0.0004	0.9976	0.0001
2	2.867	0.9977	0.0004	0	0.9981	0.998	0.0001
3	2.337	0	0	0.999	0.9982	0.9981	0.9991

隔震结构 2 的自振周期和振型　　　　　　　表 6-11

振型	结构周期（s）	X 平动系数	Y 平动系数	Z 扭转系数	X 平动质量参与系数	Y 平动质量参与系数	Z 扭转质量参与系数
1	2.673	0.0006	0.9968	0.0001	0.0006	0.9968	0.0001
2	2.670	0.9969	0.0006	0	0.9975	0.9974	0.0001
3	2.156	0	0	0.9986	0.9976	0.9974	0.9987

通过上表质量与系数的分析，可以判断各阶模态振型的平扭属性。

1. 隔震结构 1

1）一阶模态：Y 方向的平动系数分别为 0.9976，X 方向的平动系数为 0.0004 和绕 Z 轴扭转系数为 0.0001，所以一阶振型为 Y 方向的平动。

2）二阶模态：X 方向平动系数为 0.9977，Y 方向平动系数为 0.0004，绕 Z 轴扭转系数为 0，所以二阶振型主要为 X 方向平动。

3）三阶模态：X 方向平动系数为 0，Y 方向平动系数为 0，绕 Z 轴扭转系数为 0.999，则三阶模态主要为扭转。说明隔震结构 1 的布置比较规整。

2. 隔震结构 2

1）一阶模态：Y 方向的平动系数分别为 0.9968，X 方向的平动系数为 0.0006 和绕 Z 轴扭转系数为 0.0001，所以一阶振型为 Y 方向的平动。

2）二阶模态：X 方向平动系数为 0.9969，Y 方向平动系数为 0.0006，绕 Z 轴扭转系数为 0，所以二阶振型主要为 X 方向平动。

3）三阶模态：X 方向平动系数为 0，Y 方向平动系数为 0，绕 Z 轴扭转系数为 0.9986，则三阶模态主要为扭转。说明隔震结构 2 的布置比较规整。

6.4.2　隔震结构与抗震结构的模态结果对比

由地震加速度反应谱曲线可知，结构的加速度反应随着基本周期的增大而出现先增大后减小的趋势；而结构的位移随着基本周期的增大而增大，与基本周期则呈正相关关系。一般地，建筑物的基本周期与层间刚度呈负相关，而与地震作用下建筑结构的加速度呈正相关。

因此，基本周期成为隔震结构的一个重要指标，在实际工程中有必要采取有效措施使结构的基本周期得到延长，以此来提高建筑结构的安全性和舒适性，保障人民的生命财产安全。

两隔震结构和抗震结构的自振周期对比见表 6-12，从中可以发现，隔震结构 1 同抗震结构相比，自振周期延长到抗震结构自振周期的 3.3 倍以上，隔震结构 2 同抗震结构相比，自振周期延长到 3.01 倍以上。说明在结构中设置隔震支座可以提高结构的自振周期，从而使结构的自振周期大大增加，远离场地的卓越周期，避开了地震波的高能频带，防止结构出现共振现象的发生，抑制了更加严重的震害的发生。

隔震结构与抗震结构周期对比 表 6-12

振型	抗震结构	隔震结构 1	隔震结构 2	隔震结构 1/抗震结构	隔震结构 2/抗震结构
1	0.868	2.870	2.673	3.31	3.08
2	0.859	2.867	2.670	3.34	3.11
3	0.776	2.337	2.156	3.01	2.78

6.5 基于时程分析法的隔震效果评价

时程分析法的原理是在计算分析结构地震反应时，把地震动视为一个时间过程，把结构简化为单自由度或多自由度体系，根据结构的惯性力、阻尼力和恢复力的平衡关系建立运动方程。该方法从结构的运动方程直接出发，从地震发生时开始，逐步积分求解直至地震结束，最终可以获得结构在地震作用下从静止到振动、从完好到破坏直至倒塌的全过程[4]。

为进一步研究两种隔震结构中隔震支座直径不同的减震效果，利用 ETABS 软件通过 FNA 非线性时程分析法对两种隔震结构分别进行多遇地震、设防地震（8 度 0.15g）、罕遇地震作用下的地震反应分析，分别对比抗震结构与两种隔震结构的周期、结构层剪力、层间位移角和楼层加速度（对比时，取三条地震波时程分析结果的平均值），并给出结构耗能时程，从而对两种隔震结构的抗震性能进行评价。

6.5.1 楼层剪力对比

1. X 方向

地震作用下 X 方向楼层剪力最大值见表 6-13，表中减震率计算公式为隔震结构与抗震结构楼层剪力差值的绝对值再除以抗震结构楼层剪力，隔震结构的减震率见表 6-13。

地震作用下 *X* 方向楼层剪力最大值　　　　　　　　　表 6-13

地震烈度	结构类型	最大楼层剪力（kN）	减震率（%）	隔震结构与抗震结构的剪力比
多遇地震	抗震结构	3365	—	—
	隔震结构 1	869	74.18	0.2582
	隔震结构 2	933	72.27	0.2772
设防地震	抗震结构	9178	—	—
	隔震结构 1	2783	69.68	0.3032
	隔震结构 2	2674	70.86	0.2913
罕遇地震	抗震结构	15603	—	—
	隔震结构 1	5102	67.30	0.3269
	隔震结构 2	4891	68.65	0.3135

1）多遇地震作用下，三种结构的楼层剪力对比见图 6-12，隔震结构 1 与抗震结构的层间剪力最大比值是 0.258，隔震结构 2 与抗震结构的层间剪力最大比值是 0.277，查第 3 章的表 3-1 和表 3-2，可知隔震结构 1 和 2 的水平减震系数 β 分别为 0.376 和 0.400，$0.40 \geqslant \beta \geqslant 0.27$，两个隔震结构可以达到降低一度的目标，隔震结构 1 采用的小直径铅芯支座在减少层间剪力方面表现稍优。

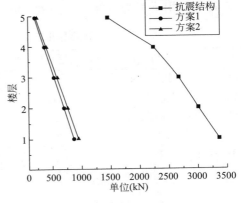

图 6-12　多遇地震（*X* 向）

2）设防地震作用下，三种结构的楼层剪力对比见图 6-13，隔震结构 1 与抗震结构的层间剪力最大比值是 0.303，隔震结构 2 与抗震结构的层间剪力最大比值是 0.291，查第 3 章的表 3-1 和表 3-2，可知隔震结构 1 和 2 的水平减震系数 β 分别为 0.437 和 0.421，$0.53 \geqslant \beta \geqslant 0.40$，两个隔震结构可以达到降低半度的目标，隔震结构 2 采用的大直径铅芯支座在减少层间剪力方面表现稍优。

3）罕遇地震作用下，三种结构的楼层剪力对比见图 6-14，隔震结构 1 与抗震结构的层间剪力最大比值是 0.327，隔震结构 2 与抗震结构的层间剪力最大比值是 0.314，查第 3 章的表 3-1 和表 3-2，可知隔震结构 1 和 2 的水平减震系数 β 分别为 0.469 和 0.450，$0.53 \geqslant \beta \geqslant 0.40$，两个隔震结构可以达到降低半度的目标，隔震结构 2 采用的大直径铅芯支座在减少层间剪力方面表现稍优。

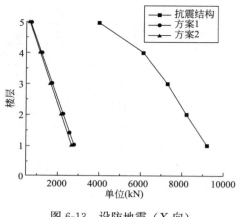

图 6-13　设防地震（X 向）

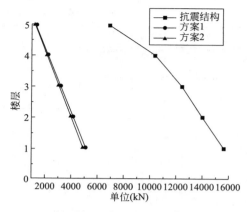

图 6-14　罕遇地震（X 向）

2. Y 方向

地震作用下 Y 方向楼层剪力最大值见表 6-14。

地震作用下 Y 方向楼层剪力最大值　　　　表 6-14

地震烈度	结构类型	最大楼层剪力(kN)	减震率(%)	隔震结构与抗震结构的剪力比
多遇地震	抗震结构	3374	—	—
	隔震结构 1	737	78.15	0.2184
	隔震结构 2	727	78.45	0.2155
设防地震	抗震结构	9202	—	—
	隔震结构 1	2725	70.39	0.2961
	隔震结构 2	2539	72.41	0.2759
罕遇地震	抗震结构	15644	—	—
	隔震结构 1	5164	66.99	0.3301
	隔震结构 2	4882	68.79	0.3121

1) 多遇地震作用下，三种结构的楼层剪力对比见图 6-15，隔震结构 1 与抗震结构的层间剪力最大比值是 0.218，隔震结构 2 与抗震结构的层间剪力最大比值是 0.218，查第 3 章的表 3-1 和表 3-2，可知隔震结构 1 和 2 的水平减震系数 β 分别为 0.313 和 0.313，0.40≥β≥0.27，两个隔震结构可以达到降低一度的目标，隔震结构 2 采用的大直径铅芯支座在减少层间剪力方面表现稍优。

2) 设防地震作用下，三种结构的楼层剪力对比见图 6-16，隔震结构 1 与抗震结构的层间剪力最大比值是 0.296，隔震结构 2 与抗震结构的层间剪力最大比值是 0.276，查第 3 章的表 3-1 和表 3-2，可知隔震结构 1 和 2 的水平减震系数 β 分别为 0.428 和 0.401，0.53≥β≥0.40，两个隔震结构可以达到降低半度的目标，隔震结构 2 采用的大直径铅芯支座在减少层间剪力方面表现稍优。

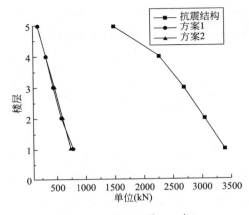

图 6-15　多遇地震（Y 向）

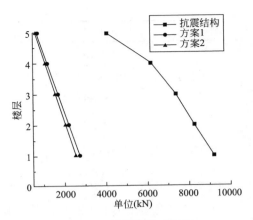

图 6-16　设防地震（Y 向）

3）罕遇地震作用下，三种结构的楼层剪力对比见图 6-17，隔震结构 1 与抗震结构的层间剪力最大比值是 0.330，隔震结构 2 与抗震结构的层间剪力最大比值是 0.312，查第 3 章的表 3-1 和表 3-2，可知隔震结构 1 和 2 的水平减震系数 β 分别为 0.473 和 0.449，$0.53 \geqslant \beta \geqslant 0.40$，两个隔震结构可以达到降低半度的目标，隔震结构 2 采用的大直径铅芯支座在减少层间剪力方面表现稍优。

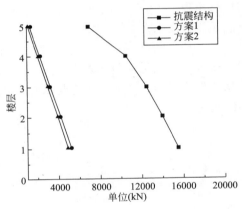

图 6-17　罕遇地震（Y 向）

6.5.2　层间位移角对比

1. X 方向

地震作用下 X 方向层间位移角最大值见表 6-15，表中减震率计算公式为隔震结构与抗震结构层间最大位移角差值的绝对值再除以抗震结构最大层间位移角，隔震结构的减震率见表 6-15。

地震作用下 X 方向层间位移角最大值			表 6-15
地震烈度	结构类型	最大层间位移角（$\times 10^{-4}$）	减震率（%）
多遇地震	抗震结构	20.33	—
	隔震结构 1	5.61	72.41
	隔震结构 2	6.11	69.95

续表

地震烈度	结构类型	最大层间位移角（×10⁻⁴）	减震率（%）
设防地震	抗震结构	55.51	—
	隔震结构 1	17.67	68.17
	隔震结构 2	17.64	68.22
罕遇地震	抗震结构	94.17	—
	隔震结构 1	32.38	65.62
	隔震结构 2	31.56	66.49

1) 多遇地震作用下，三种结构的层间位移角对比见图 6-18，抗震结构、隔震结构最大层间位移角分别为 1/491、1/1543、1/1546，隔震结构均小于弹性层间位移角限值 1/550，满足规范要求，抗震结构大于弹性层间位移角限值 1/550，不满足规范要求。

2) 设防地震作用下，三种结构的层间位移角对比见图 6-19，抗震结构、隔震结构最大层间位移角分别为 1/180、1/565、1/566，隔震结构均小于弹性层间位移角限值 1/400，满足规范要求，抗震结构大于弹性层间位移角限值 1/400，不满足规范要求。

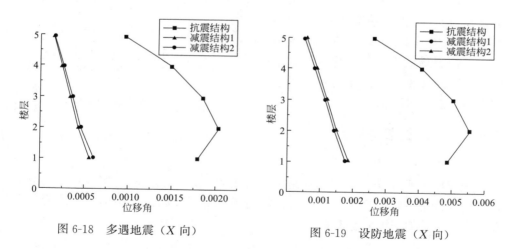

图 6-18　多遇地震（X 向）　　　　　图 6-19　设防地震（X 向）

3) 罕遇地震作用下，三种结构的层间位移角对比见图 6-20，抗震结构、隔震结构最大层间位移角分别为 1/106、1/308、1/316，均小于弹塑性层间位移角限值 1/50，满足规范要求。

2. Y 方向

地震作用下 Y 方向层间位移角最大值见表 6-16。

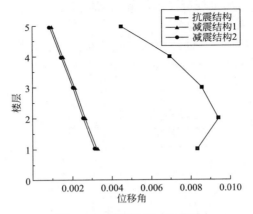

图 6-20　罕遇地震（X 向）

地震作用下 Y 方向层间位移角最大值　　　　　　　　　表 6-16

地震烈度	结构类型	最大层间位移角（$\times 10^{-4}$）	减震率（%）
多遇地震	抗震结构	20.05	—
	隔震结构 1	4.89	75.61
	隔震结构 2	4.77	76.21
设防地震	抗震结构	55.54	—
	隔震结构 1	18.56	66.58
	隔震结构 2	17.78	67.99
罕遇地震	抗震结构	94.18	—
	隔震结构 1	34.51	63.36
	隔震结构 2	33.79	64.12

　　1）多遇地震作用下，三种结构的层间位移角对比见图 6-21，抗震结构和隔震结构最大层间位移角分别为 1/499、1/1672、1/1783，隔震结构均小于弹性层间位移角限值 1/550，抗震结构大于弹性层间位移角限值 1/550，不满足要求。

　　2）设防地震作用下，三种结构的层间位移角对比见图 6-22，抗震结构、隔震结构最大层间位移角分别为 1/180、1/538、1/562，隔震结构均小于弹性层

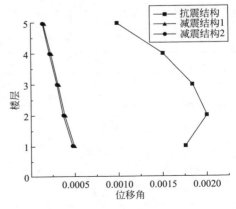

图 6-21　多遇地震（Y 向）

间位移角限值 1/400，满足规范要求，抗震结构大于弹性层间位移角限值 1/400，不满足规范要求。

3）罕遇地震作用下，三种结构的层间位移角对比见图 6-23，抗震结构、隔震结构最大层间位移角分别为 1/106、1/289、1/295，均小于弹塑性层间位移角限值 1/50。

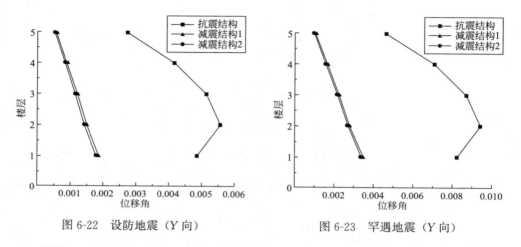

图 6-22　设防地震（Y 向）　　　　　图 6-23　罕遇地震（Y 向）

由以上结果可知，对于设置了隔震支座的结构，其层间位移角的最大值都是出现在了第 2 层，3～5 层的层间位移角也在逐渐变小，且变化也比较均匀，说明在结构中设置，隔震支座可以很好地控制结构的位移响应。

6.5.3　楼层加速度对比

1. X 方向

地震作用下 X 方向楼层加速度最大值见表 6-17。从表中可以看出隔震结构在降低楼层加速度方面表现非常优异。

地震作用下 X 方向楼层加速度最大值　　　　　　　表 6-17

地震烈度	结构类型	最大楼层加速度(mm/s²)	减震率(%)
多遇地震	抗震结构	2170	—
	隔震结构 1	402	81.47
	隔震结构 2	494	77.24
设防地震	抗震结构	5918	—
	隔震结构 1	1109	81.26
	隔震结构 2	1161	80.38

续表

地震烈度	结构类型	最大楼层加速度(mm/s²)	减震率(%)
罕遇地震	抗震结构	10060	—
	隔震结构1	1951	80.61
	隔震结构2	1976	80.36

多遇地震、设防地震、罕遇地震作用下，三结构楼层加速度对比分别见图 6-24～图 6-26。从图中可以看出隔震结构在降低楼层加速度方面表现非常优异。

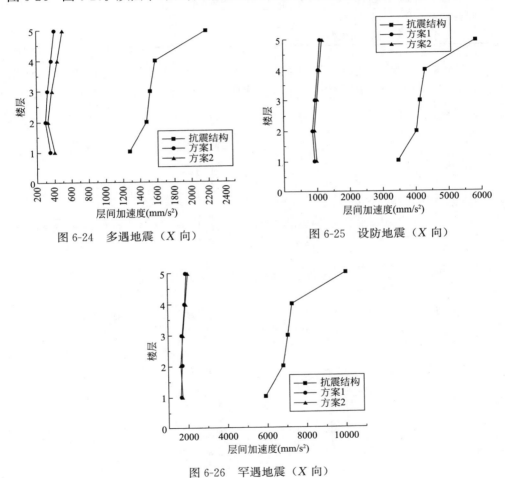

图 6-24 多遇地震（X 向）   图 6-25 设防地震（X 向）

图 6-26 罕遇地震（X 向）

2. Y 方向

地震作用下 Y 方向楼层加速度最大值见表 6-18。从表中可以看出隔震结构在降低楼层加速度方面表现非常优异。

地震烈度	结构类型	最大楼层加速度（mm/s²）	减震率（%）
多遇地震	抗震结构	2166	—
	隔震结构1	360	83.38
	隔震结构2	421	80.56
设防地震	抗震结构	5907	—
	隔震结构1	1052	82.19
	隔震结构2	1073	81.84
罕遇地震	抗震结构	10043	—
	隔震结构1	1898	81.10
	隔震结构2	1940	80.68

地震作用下 Y 方向楼层加速度最大值　　　　表 6-18

　　多遇地震、设防地震、罕遇地震作用下，三结构楼层加速度对比分别见图 6-27～图 6-29。从图中可以看出隔震结构在降低楼层加速度方面表现非常优异。

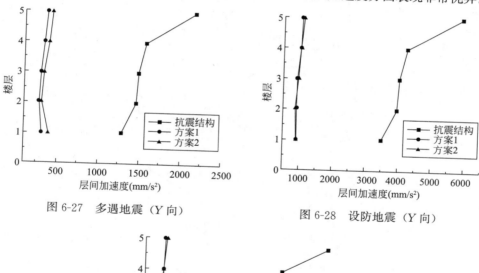

图 6-27　多遇地震（Y 向）　　　　　　　　图 6-28　设防地震（Y 向）

图 6-29　罕遇地震（Y 向）

6.5.4　支座压应力与隔震层位移对比

1. 支座压应力对比

两种隔震结构的隔震支座在罕遇地震作用下压应力,《抗震规范》[1] 中对罕遇地震作用下的极大面压规定为最大压应力设计值不宜大于 25MPa,不应大于 30MPa,从表6-19、表6-20 中压应力数值可得出,隔震支座具有充足的安全储备。

隔震结构1支座最大面压　　　　表 6-19

隔震支座编号	支座编号	支座面积×10^5(mm²)	最大竖向力(kN)	最大面压(MPa)
LRB600	1	1.96	−636	−1.24
	3	1.96	−664	−1.30
	5	1.96	−84	−0.16
	12	1.96	−73	−0.14
	14	1.96	−72	−0.14
	16	1.96	−71	−0.13
LNR600	2	1.96	−87	−0.17
	4	1.96	−84	−0.16
	6	1.96	−619	−1.23
	7	1.96	−61	−0.12
	8	1.96	−590	−1.16
	9	1.96	−635	−1.22
	10	1.96	−633	−1.24
	11	1.96	−588	−1.15
	13	1.96	−74	−0.14
	15	1.96	−683	−1.34

隔震结构2支座最大面压　　　　表 6-20

隔震支座编号	支座编号	支座面积×10^5(mm²)	最大竖向力(kN)	最大面压(MPa)
LRB700	1	2.862	−562	−1.58
	3	2.862	−585	−1.63
	5	2.862	−103	−0.29
	12	2.862	−90	−0.25
	14	2.862	−88	−0.24
	16	2.862	−65	−0.18

续表

隔震支座编号	支座编号	支座面积×10⁵（mm²）	最大竖向力（kN）	最大面压（MPa）
LNR700	2	2.862	−81	−0.23
	4	2.862	−77	−0.21
	6	2.862	−728	−2.58
	7	2.862	−76	−0.21
	8	2.862	−693	−1.96
	9	2.862	−742	−2.21
	10	2.862	−560	−1.58
	11	2.862	−691	−1.92
	13	2.862	−68	−0.19
	15	2.862	−599	−1.69

2. 隔震层最大水平位移校核

罕遇地震下，隔震支座最大水平位移值取三条地震波时程工况的包络值。规范规定该值不应超过有效直径（d）0.55 倍和橡胶层总厚度（T_r）3 倍两者的较小值。可分别定义地震工况包络荷载组合，如表 6-21、表 6-22 所示，提取三条地震波时程工况的水平位移包络值。两隔震结构的支座位移均满足条件。

隔震结构 1 的最大水平位移　　　　表 6-21

隔震支座编号	支座编号	最大位移	$3T_r$	$0.55d$
LRB600	1	266	345	330
	3	269	345	330
	5	269	345	330
	12	269	345	330
	14	267	345	330
	16	267	345	330
LNR600	2	268	345	330
	4	267	345	330
	6	268	345	330
	7	267	345	330
	8	268	345	330
	9	269	345	330
	10	268	345	330
	11	269	345	330

续表

隔震支座编号	支座编号	最大位移	$3T_r$	$0.55d$
LNR600	13	267	345	330
	15	269	345	330

隔震结构 2 的最大水平位移　　　　　　表 6-22

隔震支座编号	支座编号	最大位移	$3T_r$	$0.55d$
LRB700	1	178	369	385
	3	181	369	385
	5	181	369	385
	12	181	369	385
	14	179	369	385
	16	179	369	385
LNR700	2	181	369	385
	4	181	369	385
	6	179	369	385
	7	181	369	385
	8	179	369	385
	9	181	369	385
	10	179	369	385
	11	181	369	385
	13	179	369	385
	15	180	369	385

6.5.5　结构能量对比

能量分析最早在 20 世纪 50 年代由学者 Housner 提出。结构受到地震作用时，结构通过构件的变形或者损坏从而转化、消耗地震传递给结构的能量，整个过程中能量平衡方程为：$E_i = E_k + E_p + E_d + E_h$，$E_i$、$E_h$、$E_p$、$E_d$、$E_h$ 分别为地震动的总输入能量、结构的动能、结构的势能、阻尼耗能以及滞回耗能[5]。

隔震结构隔震原理即是通过隔震装置的非线性变形消耗能量，减小能量传递给上部结构，从而尽可能使上部结构处于弹性变形阶段。

ETABS 中的快速非线性法（FNA 法）可以有效地计算出结构的地震总输入能量、结构动能及滞回耗能。由于基础隔震的上部结构基本处于弹性状态，因此，结构的滞回耗能则为隔震层耗能，地震总输入能量减去隔震层滞回耗能则为上部结构的耗能。

抗震结构在三条地震波作用下的耗能情况如表 6-23 所示，表中 AW1XL、

AW1XM 和 AW1XB 分别表示地震波 AW1 在 X 方向输入的多遇地震（小震）作用（Little）、设防地震（中震）作用（Middle）和罕遇地震（大震）作用（Big）。

抗震结构耗能

表 6-23

结构类型	地震波	总输入能量(kN·m)	结构阻尼耗能和塑性变形耗能(kN·m)
抗震结构	AW1XL	126.1773	121.9984
	AW1XM	938.5089	907.4261
	AW1XB	2712.2908	2622.4614
	TH1XL	113.5247	110.9816
	TH1XM	844.3986	825.483
	TH1XB	2440.3121	2385.6459
	TH2XL	142.8611	142.5696
	TH2XM	1062.6033	1060.4347
	TH2XB	3070.9234	3064.6562

为了准确地分析隔震结构隔震层耗能情况引入参数隔震层耗能率：

$$耗能率=\frac{隔震层耗能}{总输入能}\times100\% \qquad (6-1)$$

三条地震波在地震作用下的耗能情况如表 6-24 所示，表中 AW1XL、AW1XM 和 AW1XB 分别表示地震波 AW1 在 X 方向输入的多遇地震作用（Little）、设防地震作用（Middle）和罕遇地震作用（Big）。

图 6-30 为从 ETABS 软件提取的隔震结构 1 的地震波输入时结构的能量时程，图 6-31 为从 ETABS 软件提取的隔震结构 2 的地震波输入时结构的能量时程。

隔震结构耗能

表 6-24

结构类型	地震波	总输入能量(kN·m)	隔震层耗能(kN·m)	隔震层耗能率(%)
隔震结构 1	AW1XL	150.2458	120.340	80.09
	AW1XM	1129.038	745.339	66.02
	AW1XB	3281.77	1588.93	48.42
	TH1XL	137.5491	107.398	78.08
	TH1XM	1017.525	708.182	69.59
	TH1XB	2768.874	1559.731	56.33
	TH2XL	311.5737	251.8497	80.83
	TH2XM	2415.589	1516.055	62.76
	TH2XB	6466.891	3144.068	48.62

续表

结构类型	地震波	总输入能量(kN·m)	隔震层耗能(kN·m)	隔震层耗能率(%)
隔震结构2	AW1XL	173.5256	138.5861	91.39
	AW1XM	1113.945	811.6049	72.86
	AW1XB	3348.983	1964.5211	58.66
	TH1XL	141.078	105.3788	74.69
	TH1XM	1129.038	839.2956	74.34
	TH1XB	3204.022	1986.363	61.99
	TH2XL	307.4831	246.5051	80.17
	TH2XM	2272.876	1626.889	71.58
	TH2XB	6140.547	3620.270	58.96

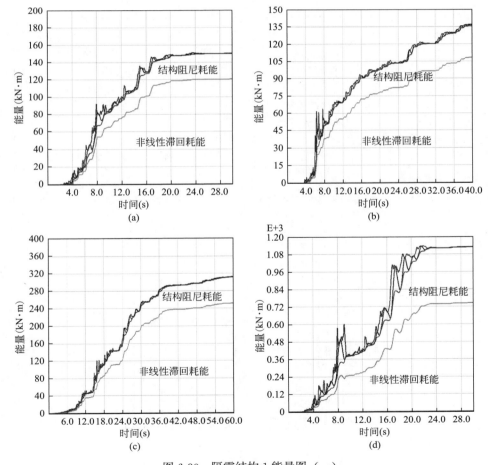

图6-30 隔震结构1能量图（一）

(a) AW1XL；(b) TH1XL；(c) TH2XL；(d) AW1XM

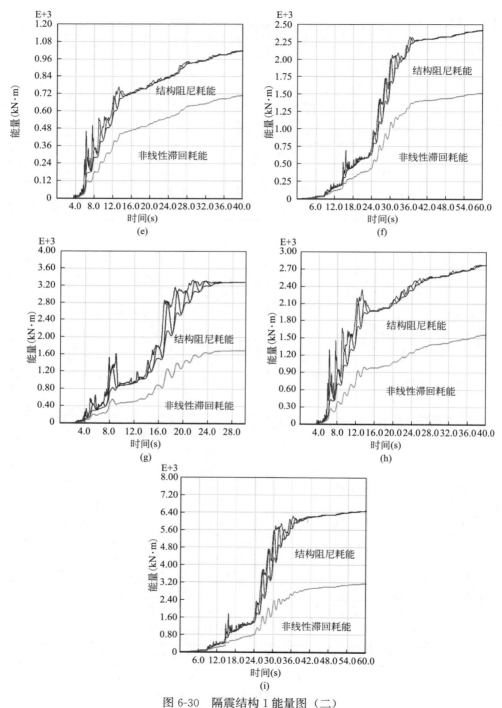

图 6-30　隔震结构 1 能量图（二）

（e）TH1XM；（f）TH2XM；（g）AW1XB；（h）TH1XB；（i）TH2XB

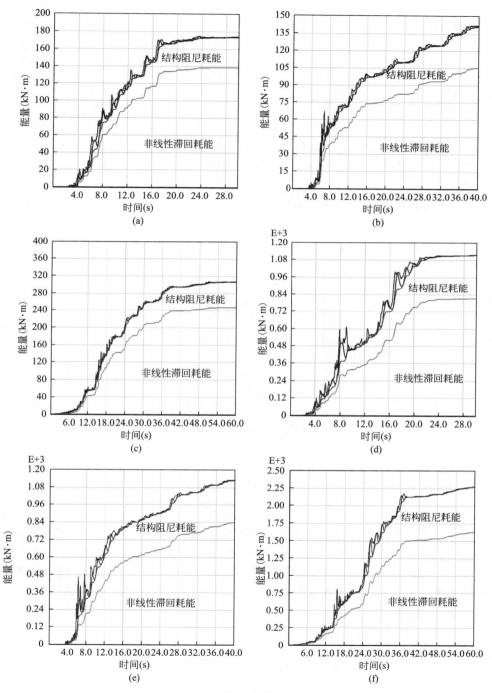

图 6-31　隔震结构 2 能量图 （一）

（a）AW1XL；（b）TH1XL；（c）TH2XL；（d）AW1XM；（e）TH1XM；（f）TH2XM

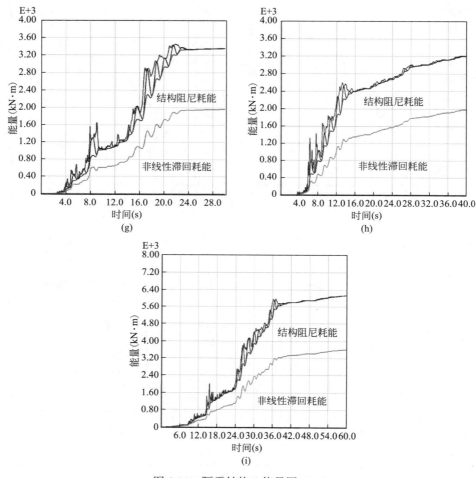

图 6-31　隔震结构 2 能量图（二）
(g) AW1XB；(h) TH1XB；(i) TH2XB

从以上数据可知：（1）隔震层能消耗大量地震能量，大约占总输入能量的 50% 以上；（2）隔震结构 2 的耗能效果总体优于隔震结构 1，说明隔震支座的直径越大，其耗能能力也越好；（3）隔震结构在三条地震波的作用下，随着水准烈度的提高，其隔震层的耗能率会降低；（4）地震波强震持时越长，地震总输入能量及隔震层滞回耗能也越大。

6.6　小结

本章利用大型有限元分析软件 ETABS 对 5 层框架结构分别建立了抗震结构

模型和两种隔震支座直径不同的基础隔震结构模型，采用时程分析法，对比了 3 种结构的动力特性、地震反应（层剪力、层间位移角和楼层加速度）和地震能量的计算结果，得出以下结论：

1）从隔震前后结构的周期对比可以看出，与抗震结构的自振周期相比，采用基础隔震的结构自振周期得到了明显延长。两种隔震结构在延长结构自振周期方面表现相当。隔震结构的自振周期得到延长使得隔震结构远离了场地的卓越周期，避开了地震波的高能频带，极大地减少了传递到上部结构的水平地震作用，大大提高了建筑结构的安全性。

2）两种隔震结构均能大大减小抗震结构的地震反应（层剪力、层间位移角和楼层加速度），两种隔震结构减震效果基本一致。

3）两种隔震结构在小震烈度下的水平向减震系数均达到了 $0.40 \geqslant \beta \geqslant 0.27$，均符合抗震设防烈度降低一度的要求，也符合隔震设计目标。

4）隔震结构的最大位移发生在隔震层，两隔震结构的支座位移均满足规范，上部结构近似为整体平动。

5）从能量角度分析，隔震层能消耗大量地震能量，从而保护上部结构。隔震结构 2 的耗能效果明显优于隔震结构 1，说明隔震支座的直径越大，其消耗的地震能量越多。

参考文献

[1] 中华人民共和国国家标准. 建筑抗震设计规范 GB 50011—2010（2016 年版）[S]. 北京：中国建筑工业出版社，2016.

[2] 喻良. 地震易损性分析中双分量地震动选取方法研究 [D]. 哈尔滨：哈尔滨工业大学，2018.

[3] 胡卢成. 隔震结构地震响应分析的复模态反应谱法研究 [D]. 广州：广州大学，2019.

[4] 丁洁民，涂雨，吴宏磊，等. 减隔震组合技术在高烈度抗震设防区的应用研究 [J]. 建筑结构学报，2019，40（02）：77-87.

[5] 王梦晨. 结构分灾系统的随机地震响应分析及优化设计 [D]. 大连：大连理工大学，2019.

第 *7* 章

框架结构消能减震（黏滞阻尼器）计算实例

7.1　一般设计流程

一般设计流程如图 7-1 所示[1]。

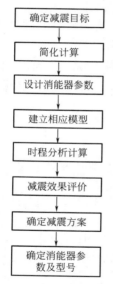

图 7-1　消能减震的设计流程

1. 确定减震目标

根据结构自身情况及需求，确定相应的减震目标。在进行黏滞阻尼器设置设计时，减震目标通常体现为使结构的附加阻尼比达到某一设计值，从而使消能减震结构能够达到设计规范的要求，且又不至于使得造价过高。

2. 简化计算

确定减震目标之后，采用等价线性方法进行结构消能减震简化设计。具体操作如下：

1）通过计算分析抗震结构得到层剪力、层间位移。

2）初步设计消能器的参数与数量。黏滞阻尼器的参数包括阻尼系数和速度系数。

3）根据阻尼器的参数、数量以及结构的层剪力、层间位移的控制目标，计算出附加阻尼比，X 方向与 Y 方向分开计算，取两个方向计算结果的较小值。

4）如果阻尼器的阻尼系数 $\alpha = 1$，则附加阻尼比与结构位移幅值无关，无须进行迭代计算。将结构原有的阻尼比叠加上述计算得到的附加阻尼比后重新进行运算，查看结构各项指标是否满足减震设计目标要求，并查看结构有无超筋的情况。如果各项指标均满足要求，即可确定各层黏滞消能器的参数及数量。否则，应重新设计消能器的参数与数量。

5）如果阻尼器阻尼系数 $\alpha \neq 1$，则附加阻尼比与结构位移幅值有关，需要进行迭代计算。迭代收敛后，将结构原有的阻尼比叠加上述计算得到的附加阻尼比

96

后重新进行运算，查看结构各项指标是否满足减震设计目标要求，并查看结构有无超筋情况。如果各项指标均满足要求，即可确定各层黏滞消能器的参数及数量，否则，应重新设计消能器的参数与数量。

3. 建立相应模型

简化计算完成后，可以通过时程分析验算减震效果。

分别建立以下模型：

1）无阻尼器模型：即抗震结构模型，主要用于对比时程分析法与反应谱法计算得到的结构底部剪力。

2）有阻尼器模型：在无消能器的抗震结构模型的基础上设置阻尼器的模型。

4. 时程分析计算

消能器的参数及数量初步确定后，应进行时程分析计算，具体操作步骤如下：

1）输入地震波

根据工程的建筑场地类别和设计地震分组选用不少于两组实际强震记录和一组人工模拟加速度时程曲线。将所选择的地震波文件添加到模型中。

2）定义时程工况

定义相应的时程工况。应注意，无消能器模拟和有消能器模型都应采用结构原有阻尼比。

3）地震波评价

计算抗震结构模型，输出结构底部剪力。验算所选的地震波是否满足《抗震规范》[2] 规定的"在弹性时程分析时，每条时程曲线所得底部剪力不应小于振型分解反应谱结构的 65%，多条时程曲线计算所得结构底部剪力的平均值不应小于振型分解反应谱计算结果的 80%"的要求。如果满足要求，所选择的地震波可用于工程设计，否则应重新选择地震波。

5. 减震方案效果评价

通过输入两个模型中各层层间剪力及层间位移来验证减震方案的效果。同时还可以通过输出消能器的滞回曲线，查看消能器的变形及出力情况。

6. 减震目标

检验消能器方案的减震效果是否满足减震目标的要求，同时还应检查结构的扭转比、层间位移角及其各项指标是否规范要求。如均满足要求，则确定该减震方案为最终方案，否则应调整方案重新进行设计。

7. 确定消能器型号及参数

消能器产品选型时应根据罕遇地震下消能器的最大出力来确定，当上述计算为多遇地震或设防地震时，可根据 $F_{大震}＝F_{小震}\times6^{\alpha}$、$F_{大震}＝F_{中震}\times2^{\alpha}$，简化估算大震下黏滞消能器的出力。

7.2　工程概况

工程建筑、结构概况及结构模型信息见第 5 章 5.1 节及 5.2.2 节，该结构按传统抗震设计方法进行计算和设计，本章称第 5 章的工程结构为抗震结构或传统结构，用 ETABS 建立的传统结构的模型见图 7-3。在传统结构基础上，布置阻尼器的结构，我们称为减震结构。根据第 4 章阻尼器的设置要求，在阻尼器总数量相等（共 10 个）的情况下，我们选择了两种黏滞阻尼器（线性阻尼器和非线性阻尼器），共设计了六种布置位置，见表 7-1。均匀布置的方式是每层布置 2 个阻尼器，见图 7-4。顶层布置的方式是 10 个阻尼器全部布置在顶层（第五层），见图 7-5。底层布置的方式是 10 个阻尼器全部布置在底层（第一层），见图 7-6。

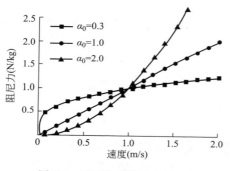

图 7-2　速度与阻尼力关系图

黏滞阻尼器的阻尼出力与两端相对速度相关，可用式（7-1）表示：

$$F_d(t) = C|u(t)|^\alpha \qquad (7\text{-}1)$$

式中，阻尼系数 C、阻尼指数 α 是黏滞阻尼器的一般设计参数；当 $\alpha > 1$ 时，为超线性阻尼器；当 $\alpha = 1$ 时，为线性阻尼器；当 $\alpha < 1$ 时，为非线性阻尼器。不同阻尼指数下阻尼力与速度关系如图 7-2 所示[3]。

阻尼器布置位置　　　　　　　　　　　　　　　表 7-1

布置位置	黏滞阻尼器类别	
	线性阻尼器	非线性阻尼器
均匀布置	方案一（减震结构 1）	方案四（减震结构 4）
顶层布置	方案二（减震结构 2）	方案五（减震结构 5）
底层布置	方案三（减震结构 3）	方案六（减震结构 6）

由图 7-2 可以看出，超线性阻尼器在速度较小时阻尼力非常小，结构在多遇地震作用下，其设置的阻尼器速度一般不大于 1m/s，这时阻尼器所起到的减震作用非常小，故实际工程应用中，一般不采用超线性阻尼器。非线性阻尼器的特点是在两端相对速度较小时，就可以产生较大的阻尼力，阻尼指数越小，所提供的阻尼力就越大。

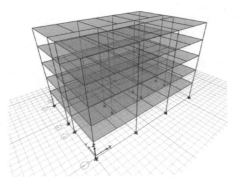

图 7-3 抗震结构

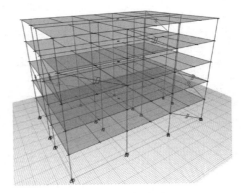

图 7-4 均匀布置

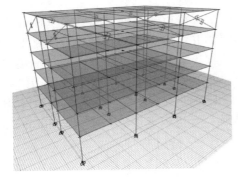

图 7-5 顶层布置

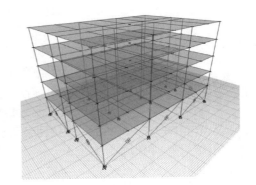

图 7-6 底层布置

7.3 黏滞阻尼器在 ETABS 中的参数定义

本工程选用的线性黏滞阻尼器的参数见表 7-2。

线性黏滞阻尼器产品参数 表 7-2

设计位移（mm）	±35
最大阻尼力（kN）	±300
设计速度（mm/s）	±400
阻尼器系数 C（阻尼系数）	100kN/(mm/s)
阻尼指数 α（速度指数）	1

本工程选用的非线性黏滞阻尼器的参数见表 7-3。

非线性黏滞阻尼器产品参数	表 7-3
设计位移(mm)	±35
最大阻尼力(kN)	±300
设计速度(mm/s)	±400
阻尼器系数 C	100kN/(mm/s)
阻尼指数 α	0.3

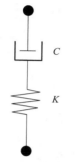

图 7-7 ETABS 中所提供的 Damper 单元模型

阻尼器在 ETABS 中是通过设置非线性 LINK（Damper）单元来模拟消能器的力学行为，阻尼模型是基于 Maxwell 的黏弹性模型[4]，见图 7-7。非线性 LINK（Damper）包括三个属性，分别是刚度 K、阻尼系数 C 和阻尼指数 α。

对实际的非线性黏滞阻尼器，只表现出纯阻尼的行为，此时弹簧的效果可以通过使其具有足够刚性来忽略，即将弹簧刚度 K 定义的足够大，单元全部的位移变形由阻尼来承担，如此单元可模拟不提供刚度的黏滞阻尼器。但弹簧刚度 K 也不应设置过大，否则将导致数值敏感性，计算时间将过长，一般刚度 K 值取阻尼系数 C 的 10～1000 倍，但根据研究表明，当倍数取得越大，计算耗时将越长，但结果差别不大。

非线性 LINK（Damper）单元参数设置如图 7-8 和图 7-9 所示。

图 7-8 黏滞阻尼器的参数（线性与非线性均为这个）

(a)　　　　　　　　　　　　　　　　　(b)

图 7-9　阻尼器在 ETABS 中的参数定义

（a）线性黏滞阻尼器产品参数；（b）非线性黏滞阻尼器产品参数

7.4　结构模态（动力特性）分析

7.4.1　减震结构模态分析

六种减震结构在按 8 度 0.3g 地震作用选出的三条波作用下，结构的自振周期与振型结果如表 7-4～表 7-10 所示。

减震结构 1 的自振周期和振型　　　表 7-4

振型	结构周期(s)	X 向平动系数	Y 向平动系数	Z 向扭转系数	X 向平动质量参与系数	Y 向平动质量参与系数	Z 向扭转质量参与系数
1	0.858	0.0035	0.8721	0.0041	0.0035	0.8721	0.0041
2	0.844	0.865	0.0045	0.0055	0.8685	0.8767	0.0096
3	0.699	0.011	0.0074	0.8608	0.8794	0.884	0.8705

减震结构 2 的自振周期和振型　　　表 7-5

振型	结构周期(s)	X 向平动系数	Y 向平动系数	Z 向扭转系数	X 向平动质量参与系数	Y 向平动质量参与系数	Z 向扭转质量参与系数
1	0.873	0.0169	0.8526	0	0.0169	0.8526	0
2	0.861	0.8648	0.0188	0.0001	0.8818	0.8714	0.0001
3	0.775	0.0251	0.0678	0.8406	0.9069	0.9391	0.0407

减震结构 3 的自振周期和振型　　　表 7-6

振型	结构周期（s）	X 向平动系数	Y 向平动系数	Z 向扭转系数	X 向平动质量参与系数	Y 向平动质量参与系数	Z 向扭转质量参与系数
1	0.853	0.0016	0.8515	0.0004	0.0016	0.8515	0.0004
2	0.836	0.8626	0.002	0.0002	0.8642	0.8534	0.0006
3	0.758	0.001	0.0087	0.9215	0.8652	0.8621	0.9221

减震结构 4 的自振周期和振型　　　表 7-7

振型	结构周期（s）	X 向平动系数	Y 向平动系数	Z 向扭转系数	X 向平动质量参与系数	Y 向平动质量参与系数	Z 向扭转质量参与系数
1	0.858	0.0035	0.8721	0.0041	0.0035	0.8721	0.0041
2	0.844	0.865	0.0045	0.0055	0.8685	0.8767	0.0096
3	0.699	0.011	0.0074	0.8608	0.8794	0.884	0.8705

减震结构 5 的自振周期和振型　　　表 7-8

振型	结构周期（s）	X 向平动系数	Y 向平动系数	Z 向扭转系数	X 向平动质量参与系数	Y 向平动质量参与系数	Z 向扭转质量参与系数
1	0.873	0.0169	0.8526	0.1396	0.0169	0.8526	0.0
2	0.861	0.8648	0.0188	0.0018	0.8818	0.8714	0.0001
3	0.775	0.0251	0.0678	0.4962	0.9069	0.9391	0.0407

减震结构 6 的自振周期和振型　　　表 7-9

振型	结构周期（s）	X 向平动系数	Y 向平动系数	Z 向扭转系数	X 向平动质量参与系数	Y 向平动质量参与系数	Z 向扭转质量参与系数
1	0.853	0.0016	0.8515	0.0004	0.0016	0.8515	0.0004
2	0.836	0.8626	0.002	0.0002	0.8642	0.8534	0.0006
3	0.758	0.001	0.0087	0.9215	0.8652	0.8621	0.9221

通过上表质量与系数的分析，可以判断各阶模态振型的平扭属性，见表 7-10。

各阶模态振型的平扭属性　　　表 7-10

减震结构	模态	振型描述
减震结构 1	1	Y 方向平动
	2	X 方向平动
	3	绕 Z 轴扭转

减震结构	模态	振型描述
减震结构 2	1	Y 方向平动
	2	X 方向平动
	3	绕 Z 轴扭转
减震结构 3	1	Y 方向平动
	2	X 方向平动
	3	绕 Z 轴扭转
减震结构 4	1	Y 方向平动
	2	X 方向平动
	3	绕 Z 轴扭转
减震结构 5	1	Y 方向平动
	2	X 方向平动
	3	绕 Z 轴扭转
减震结构 6	1	Y 方向平动
	2	X 方向平动
	3	绕 Z 轴扭转

7.4.2　减震结构与原结构模态对比分析

六种减震结构和抗震结构的自振周期对比见表 7-11，从表中可以发现，周期与抗震结构相差不大，这一点与隔震结构显著不同，说明设置了黏滞阻尼器的减震结构，基本没有为结构提供更大的刚度，所以结构的周期变化不大。黏滞阻尼器主要是通过其本身的运动耗能，从而减弱结构受到的地震作用。

减震结构与抗震结构周期对比　　　　　　　　　　　表 7-11

振型	抗震结构	减震结构 1	减震结构 2	减震结构 3	减震结构 4	减震结构 5	减震结构 6
1	0.868	0.858	0.873	0.853	0.857	0.875	0.855
2	0.859	0.844	0.861	0.836	0.843	0.866	0.838
3	0.776	0.699	0.775	0.758	0.698	0.778	0.757

7.5　基于时程分析法的减震效果评价

为了研究六种减震结构的减震效果，利用 ETABS 软件通过 FNA 非线性时程分析法对六种减震结构分别进行多遇地震、设防地震（8度0.15g）、罕遇地震作用下的地震反应分析，分别对比抗震结构与六种减震结构的结构楼层剪力、层间位移角和楼层加速度（对比时，取三条地震波时程分析结果的平均值），并给出结构的耗能时程和附加阻尼比，对六种减震结构的抗震性能进行评价。

7.5.1 楼层剪力对比

1. X 方向

地震作用下 X 方向楼层剪力最大值见表 7-12。

表 7-12

地震作用下 X 方向楼层剪力最大值

地震烈度	模型方案	最大楼层剪力(kN)	减震率(%)
多遇地震	抗震结构	3365	—
	减震结构 1	2878	14.47
	减震结构 2	3323	1.25
	减震结构 3	3230	4.01
	减震结构 4	2385	29.12
	减震结构 5	3327	11.29
	减震结构 6	2687	20.14
设防地震	抗震结构	9178	—
	减震结构 1	7851	14.45
	减震结构 2	9063	1.25
	减震结构 3	8810	4.00
	减震结构 4	6473	29.47
	减震结构 5	8835	3.73
	减震结构 6	6718	26.80
罕遇地震	抗震结构	15603	—
	减震结构 1	11789	24.44
	减震结构 2	14827	4.97
	减震结构 3	11991	23.15
	减震结构 4	13347	14.59
	减震结构 5	15408	1.25
	减震结构 6	14977	4.01

1）多遇地震作用下，7 种结构的楼层剪力对比见图 7-10，通过数据对比可知：（1）在阻尼器布置位置相同的条件下，非线性阻尼器在减少层间剪力的效果上比线性阻尼器好；（2）在同类型阻尼器的条件下，均匀布置的方案在减少层间

剪力的效果上比其余两种布置方案的效果好；（3）在小震作用下，非线性黏滞阻尼器能输出较大的阻尼力，其减震效果优于线性阻尼器。

2）设防地震作用下，7 种结构的楼层剪力对比见图 7-11，通过数据对比可知：（1）在阻尼器布置位置相同的条件下，非线性阻尼器在减少层间剪力的效果上比线性阻尼器好；（2）在同类型阻尼器的条件下，均匀布置的方案在减少层间剪力的效果上比其余两种布置方案的效果好；（3）在中震作用下，非线性黏滞阻尼器能输出较大的阻尼力，其减震效果优于线性阻尼器；但是两者的减震效果相比于在小震作用下有所接近，说明此时线性阻尼器也开始输出较大的阻尼力。

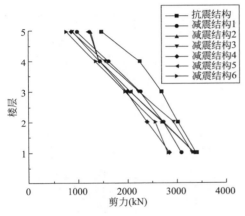

图 7-10　多遇地震（X 向）

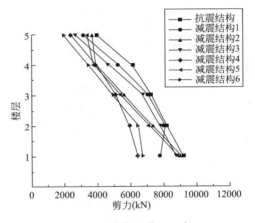

图 7-11　设防地震（X 向）

3）罕遇地震作用下，7 种结构的楼层剪力对比见图 7-12，通过数据对比可知：（1）在阻尼器布置位置相同的条件下，线性阻尼器在减少层间剪力的效果上比非线性阻尼器好；（2）在同类型阻尼器的条件下，均匀布置的方案在减少层间剪力的效果上比其余两种布置方案的效果好；（3）在大震作用下，线性阻尼器输出的阻尼力大于非线性阻尼器，其减震效果更优。

2. Y 方向

地震作用下 Y 方向楼层剪力最大值见表 7-13。

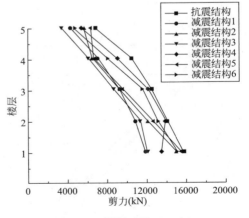

图 7-12　罕遇地震（X 向）

地震作用下 Y 方向楼层剪力最大值　　　　　　　　表 7-13

地震烈度	模型方案	最大楼层剪力(kN)	减震率(%)
多遇地震	抗震结构	3374	—
	减震结构 1	3093	8.33
	减震结构 2	3347	0.80
	减震结构 3	3303	2.10
	减震结构 4	2852	15.47
	减震结构 5	3343	0.92
	减震结构 6	2817	16.51
设防地震	抗震结构	9178	—
	减震结构 1	8436	8.08
	减震结构 2	9129	0.53
	减震结构 3	9008	1.85
	减震结构 4	7907	13.85
	减震结构 5	8951	2.47
	减震结构 6	7423	19.12
罕遇地震	抗震结构	15644	—
	减震结构 1	13802	11.77
	减震结构 2	15220	2.71
	减震结构 3	13073	16.43
	减震结构 4	14342	8.32
	减震结构 5	15519	0.79
	减震结构 6	15314	2.11

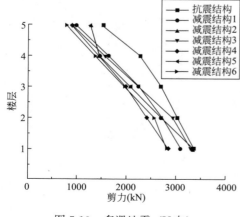

图 7-13　多遇地震（Y 向）

1）多遇地震作用下，7 种结构的楼层剪力对比见图 7-13，通过数据对比可知：（1）在阻尼器布置位置相同的条件下，非线性阻尼器在减少层间剪力的效果上比线性阻尼器好；（2）在同类型阻尼器的条件下，底层布置的方案在减少层间剪力的效果上比其余两种布置方案的效果好；（3）在小震作用下，非线性黏滞阻尼器能输出较大的阻尼力，其减震效果优于线性阻尼器。

2）设防地震作用下，7 种结构的楼层剪力对比见图 7-14，通过数据对比可知：（1）在阻尼器布置位置相同的条件下，非线性阻尼器在减少层间剪力的效果上比线性阻尼器好；（2）在同类型阻尼器的条件下，底层布置的方案在减少层间剪力的效果上比其余两种布置方案的效果好；（3）在中震作用下，非线性黏滞阻尼器能输出较大的阻尼力，其减震效果优于线性阻尼器；但是两者的减震效果相比于在小震作用下有所接近，说明此时线性阻尼器也开始输出较大的阻尼力。

3）罕遇地震作用下，7 种结构的楼层剪力对比见图 7-15，通过数据对比可知：（1）在布置位置相同的条件下，线性阻尼器在减少层间剪力的效果上比非线性阻尼器好；（2）在同类型阻尼器的条件下，均匀布置的方案在减少层间剪力的效果上比其余两种布置方案的效果好；（3）在大震作用下，线性阻尼器输出的阻尼力大于非线性阻尼器，其减震效果更优。

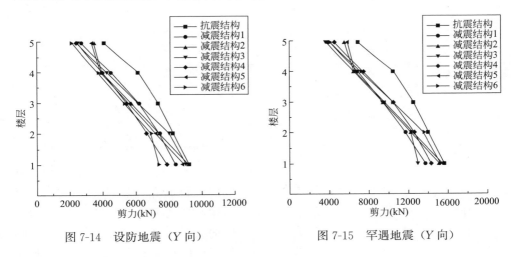

图 7-14　设防地震（Y 向）　　　　　图 7-15　罕遇地震（Y 向）

7.5.2　层间位移角对比

1. X 方向

地震作用下 X 方向层间位移角最大值见表 7-14。

地震作用下 X 方向层间位移角最大值　　　　　　　　表 7-14

地震烈度	模型方案	最大层间位移角（$\times 10^{-4}$）	减震率（%）
多遇地震	抗震结构	20.34	—
	减震结构 1	15.87	21.89
	减震结构 2	19.65	3.29
	减震结构 3	17.16	15.55
	减震结构 4	13.24	34.84

续表

地震烈度	模型方案	最大层间位移角(×10⁻⁴)	减震率(%)
多遇地震	减震结构 5	19.62	3.44
	减震结构 6	15.17	25.34
设防地震	抗震结构	55.52	—
	减震结构 1	43.06	22.52
	减震结构 2	53.54	3.67
	减震结构 3	46.42	16.48
	减震结构 4	41.52	25.29
	减震结构 5	52.11	6.24
	减震结构 6	40.37	27.36
罕遇地震	抗震结构	94.17	—
	减震结构 1	67.34	28.55
	减震结构 2	88.21	6.41
	减震结构 3	75.85	19.52
	减震结构 4	73.13	22.41
	减震结构 5	90.97	3.48
	减震结构 6	78.98	16.20

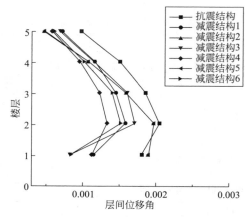

图 7-16 多遇地震（X 方向）

1）多遇地震作用下，7 种结构的层间位移角对比见图 7-16，通过数据对比可知：（1）在布置位置相同的条件下，非线性阻尼器在减少底层层间位移角的效果上比线性阻尼器好；（2）在同类型阻尼器的条件下，均匀布置的方案在减少层间位移角的效果上比其余两种布置方案的效果好；（3）在小震作用下，非线性黏滞阻尼器能输出较大的阻尼力，其减震效果优于线性阻尼器；（4）抗震结构和六种减震结构在多遇地震作用下，最大层间位移角分别为 1/491、1/630、1/508、1/582、1/755、1/509、1/659，抗震结构和顶层布置的减震结构均大于 1/550，不满足要求，其余的均小于弹性层间位移角限值 1/550，满足要求。

　　2）设防地震作用下，7 种结构的层间位移角对比见图 7-17，通过数据对比可知：（1）在布置位置相同的条件下，非线性阻尼器在减少层间位移角的效果上比线性阻尼器好；（2）在同类型阻尼器的条件下，底层布置的方案在减少层间位移角的效果上比其余两种布置方案的效果好；（3）在中震作用下，非线性黏滞阻尼器能输出较大的阻尼力，其减震效果优于线性阻尼器；但是两者的减震效果相比于在小震作用下有所接近，说明此时线性阻尼器也开始输出较大的阻尼力；（4）抗震结构和六种减震结构在设防地震作用下，最大层间位移角分别为 1/180、1/232、1/186、1/215、1/240、1/191。

　　3）罕遇地震作用下，7 种结构的层间位移角对比见图 7-18，通过数据对比可知：（1）在布置位置相同的条件下，线性阻尼器在减少二层层间位移角的效果上比非线性阻尼器好；（2）在同类型阻尼器的条件下，均匀布置的方案在减少层间位移角的效果上比其余两种布置方案的效果好；（3）在大震作用下，线性阻尼器输出的阻尼力大于非线性阻尼器，其减震效果更优；（4）抗震结构和六种减震结构在罕遇地震作用下，最大层间位移角分别为 1/106、1/148、1/113、1/131、1/136、1/209，1/126，均小于弹塑性层间位移角限值 1/50。

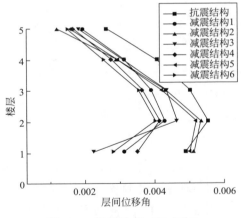

图 7-17　设防地震（X 方向）

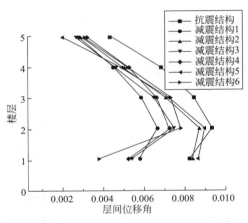

图 7-18　罕遇地震（X 方向）

2. Y 方向

地震作用下 Y 方向层间位移角最大值见表 7-15。

地震作用下 Y 方向层间位移角最大值　　　　　　　　表 7-15

地震烈度	模型方案	最大层间位移角（$\times 10^{-4}$）	减震率（%）
多遇地震	抗震结构	20.04	—
	减震结构 1	18.42	8.01
	减震结构 2	19.97	0.52

续表

地震烈度	模型方案	最大层间位移角($\times 10^{-4}$)	减震率(%)
多遇地震	减震结构3	17.88	11.23
	减震结构4	17.25	14.23
	减震结构5	19.96	0.54
	减震结构6	15.97	20.57
设防地震	抗震结构	55.54	—
	减震结构1	50.21	9.55
	减震结构2	54.83	1.26
	减震结构3	48.44	12.79
	减震结构4	49.05	11.71
	减震结构5	53.73	3.24
	减震结构6	47.67	14.23
罕遇地震	抗震结构	94.17	—
	减震结构1	85.36	9.46
	减震结构2	93.22	1.12
	减震结构3	82.31	12.69
	减震结构4	86.23	8.54
	减震结构5	91.34	3.12
	减震结构6	86.17	8.06

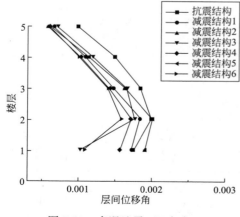

图 7-19　多遇地震（Y 方向）

1）多遇地震作用下，7 种结构的层间位移角对比见图 7-19，通过数据对比可知：（1）在布置位置相同的条件下，非线性阻尼器在减少二层层间位移角的效果上比线性阻尼器好；（2）在同类型阻尼器的条件下，底层布置的方案在减少层间位移角的效果上比其余两种布置方案的效果好；（3）在小震作用下，非线性黏滞阻尼器能输出较大的阻尼力，其减震效果优于线性阻尼器；（4）抗震结构和六种减震结构在多遇地震作用下，最大层间位移角分别为 1/499、1/552、1/500、1/559、1/579、1/501、1/626，抗震结构和顶层布置的减震结构均大于 1/550，不满足要求，其余的均小于弹性层间位移角限值 1/550，满足要求。

2）设防地震作用下，7 种结构的层间位移角对比见图 7-20，通过数据对比可知：（1）在布置位置相同的条件下，非线性阻尼器在减少层间位移角的效果上比线性阻尼器好；（2）在同类型阻尼器的条件下，底层布置的方案在减少层间位移角的效果上比其余两种布置方案的效果好；（3）在中震作用下，非线性黏滞阻尼器能输出较大的阻尼力，其减震效果优于线性阻尼器；但是两者的减震效果相比于在小震作用下有所接近，说明此时线性阻尼器也开始输出较大的阻尼力；（4）抗震结构和六种减震结构在设防地震作用下，最大层间位移角分别为 1/180、1/199、1/182、1/206、1/203、1/186。

3）罕遇地震作用下，7 种结构的层间位移角对比见图 7-21，通过数据对比可知：（1）在布置位置相同的条件下，线性阻尼器在减少二层层间位移角的效果上比非线性阻尼器好；（2）在同类型阻尼器的条件下，底层布置的方案在减少层间位移角的效果上比其余两种布置方案的效果好；（3）在大震作用下，线性阻尼器输出的阻尼力大于非线性阻尼器，其减震效果更优；（4）抗震结构和六种减震结构在罕遇地震作用下，最大层间位移角分别为 1/106、1/117、1/107、1/121、1/115、1/109、1/116，均小于弹塑性层间位移角限值 1/50。

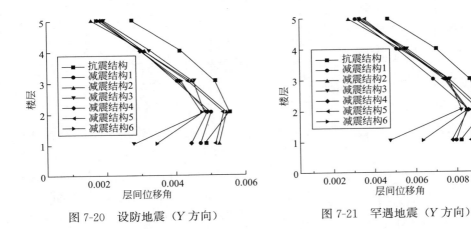

图 7-20　设防地震（Y 方向）　　　　图 7-21　罕遇地震（Y 方向）

7.5.3　楼层加速度对比

1. X 方向

地震作用下 X 方向楼层加速度最大值见表 7-16。

地震作用下 X 方向楼层加速度最大值　　　　　　　表 7-16

地震烈度	模型方案	最大楼层加速度(mm/s²)	减震率(%)
多遇地震	抗震结构	2170	—
	减震结构 1	1820	16.13
	减震结构 2	1705	21.43
	减震结构 3	1778	18.06
	减震结构 4	1395	35.71
	减震结构 5	1673	22.90
	减震结构 6	1465	32.49
设防地震	抗震结构	5918	—
	减震结构 1	4965	16.10
	减震结构 2	4651	21.41
	减震结构 3	4851	18.03
	减震结构 4	3722	37.11
	减震结构 5	4252	28.15
	减震结构 6	3490	41.03
罕遇地震	抗震结构	10060	—
	减震结构 1	6737	33.03
	减震结构 2	7097	29.45
	减震结构 3	6105	39.31
	减震结构 4	8441	16.09
	减震结构 5	7907	21.40
	减震结构 6	8247	18.02

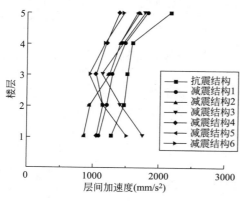

图 7-22　多遇地震（X 向）

1）多遇地震作用下，7 种结构的楼层加速度对比见图 7-22，通过数据对比可知：（1）在布置位置相同的条件下，非线性阻尼器在减少层间加速度的效果上比线性阻尼器好；（2）在同类型阻尼器的条件下，顶层布置的方案在减少层间加速度的效果上比其余两种布置方案的效果好；（3）在小震作用下，非线性黏滞阻尼器能输出较大的阻尼力，其减震效果优于线性阻尼器。

2）设防地震作用下，7 种结构的楼层加速度对比见图 7-23，通过数据对比可知：（1）在布置位置相同的条件下，非线性阻尼器在减少层间加速度的效果上比线性阻尼器好；（2）在同类型阻尼器的条件下，顶层布置的方案在减少层间加速度的效果上比其余两种布置方案的效果好；（3）在中震作用下，非线性黏滞阻尼器能输出较大的阻尼力，其减震效果优于线性阻尼器；但是两者的减震效果相比于在小震作用下有所接近，说明此时线性阻尼器也开始输出较大的阻尼力。

3）罕遇地震作用下，7 种结构的楼层加速度对比见图 7-24，通过数据对比可知：（1）在布置位置相同的条件下，线性阻尼器在减少层间加速度的效果上比非线性阻尼器好；（2）在同类型阻尼器的条件下，顶层布置的方案在减少层间加速度的效果上比其余两种布置方案的效果好；（3）在大震作用下，线性阻尼器输出的阻尼力大于非线性阻尼器，其减震效果更优。

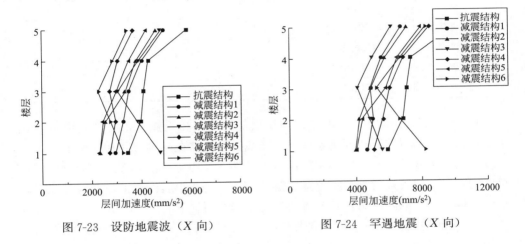

图 7-23　设防地震波（X 向）　　　　图 7-24　罕遇地震（X 向）

2. Y 方向

地震作用下 Y 方向楼层加速度最大值见表 7-17。

地震作用下 Y 方向楼层加速度最大值　　　　　　　表 7-17

地震烈度	模型方案	最大楼层加速度（mm/s²）	减震率（%）
多遇地震	抗震结构	2166	—
	减震结构 1	1842	14.95
	减震结构 2	1593	26.45
	减震结构 3	1661	23.31
	减震结构 4	1691	21.92
	减震结构 5	1572	27.42
	减震结构 6	1369	36.79

续表

地震烈度	模型方案	最大楼层加速度(mm/s²)	减震率(%)
设防地震	抗震结构	5907	—
	减震结构1	5026	14.91
	减震结构2	4344	26.46
	减震结构3	4531	23.29
	减震结构4	4327	26.75
	减震结构5	4193	29.02
	减震结构6	3731	36.84
罕遇地震	抗震结构	10043	—
	减震结构1	7381	26.51
	减震结构2	7020	30.01
	减震结构3	6552	34.76
	减震结构4	8544	14.92
	减震结构5	7386	26.45
	减震结构6	7704	23.29

1）多遇地震作用下，7 种结构的楼层加速度对比见图 7-25，通过数据对比可知：（1）在布置位置相同的条件下，非线性阻尼器在减少层间加速度的效果上比线性阻尼器好；（2）在同类型阻尼器的条件下，均匀布置的方案在减少层间加速度的效果上比其余两种布置方案的效果好；（3）在小震作用下，非线性黏滞阻尼器能输出较大的阻尼力，其减震效果优于线性阻尼器。

2）设防地震作用下，7 种结构的楼层加速度对比见图 7-26，通过数据对比可知：（1）在布置位置相同的条件下，非线性阻尼器在减少层间加速度的效果上

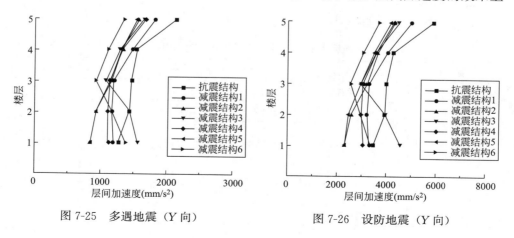

图 7-25　多遇地震（Y 向）　　　　图 7-26　设防地震（Y 向）

比线性阻尼器好；（2）在同类型阻
尼器的条件下，顶层布置的减震结
构在减少层间加速度的效果上比其
余两种布置方案的效果好；（3）在
中震作用下，线性阻尼器开始输出
较大的阻尼力，其减震效果优于非
线性阻尼器。

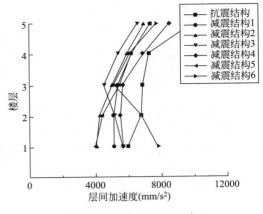

图 7-27　罕遇地震（Y 向）

　　3）罕遇地震作用下，7 种结
构的楼层加速度对比见图 7-27，通
过数据对比可知：（1）在布置位置
相同的条件下，线性阻尼器在减少
层间加速度的效果上比非线性阻尼
器好；（2）在同类型阻尼器的条件下，顶层布置的减震结构在减少层间加速度的
效果上比其余两种布置方案的效果好；（3）在大震作用下，线性阻尼器输出的阻
尼力大于非线性阻尼器，其减震效果更优。

7.6　基于能量法的结构减震效果评价

　　通过在原结构设置黏滞阻尼器[5]，形成阻尼器复合结构，地震荷载作用下阻
尼器通过滞回耗能的形式消耗大量的地震能量，迅速衰减原结构地震反应使其免
于损坏。关于黏滞阻尼器的减震原理，可以从能量法角度进行描述，地震作用下
原结构能量方程见式（7-2）：

$$E_{eq} = E_k + E_d + E_t + E_h \qquad (7\text{-}2)$$

式中　E_{eq}——地震作用输入到原结构体系的能量；

　　　E_k——结构动能；

　　　E_d——结构阻尼耗能；

　　　E_t——结构弹性变形能；

　　　E_h——结构塑性变形耗能。

　　以上能量方程中，结构体系阻尼耗能在地震输入能量中占比很小，可以忽略
不计。结构体系完成弹性变形后，主要依靠结构体系的塑性变形消耗地震输入能
量，消耗地震能量越多，塑性变形程度越大，结构损伤程度越严重。

　　消能减震结构振动能量方程，见式（7-3）：

$$E_{eq} = E_k + E_d + E_t + E_c + E_h \qquad (7\text{-}3)$$

式中　E_c——消能减震装置所消耗的地震能量。

由以上能量方程（7-3）可知，黏滞阻尼器在原结构发生塑性变形之前就已经进入工作状态，并以附加阻尼耗能 E_c 的形式消耗地震输入能量，显著衰减原结构塑性变形耗能，从而达到控制结构地震反应，减轻原结构损坏程度的目标。

7.6.1 结构能量对比

抗震结构能量图见第 6 章 6.5.5 节。

以罕遇地震波 AW1XB 作用时为例，从 ETABS 软件提取了该地震波输入时结构的能量时程，见图 7-28，阻尼器能够耗散输入地震的部分能量，见表 7-18，进而能够保护结构主体。

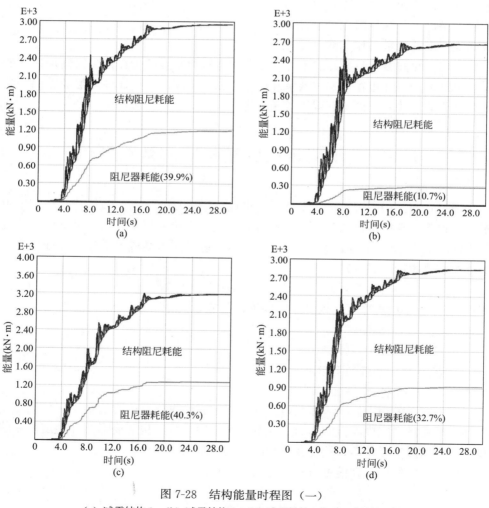

图 7-28　结构能量时程图（一）

（a）减震结构 1；（b）减震结构 2；（c）减震结构 3；（d）减震结构 4

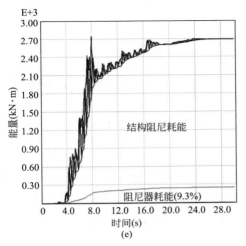 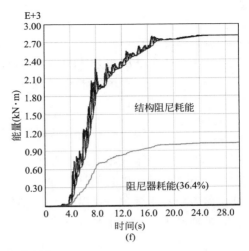

图 7-28 结构能量时程图（二）

（e）减震结构 5；（f）减震结构 6

减震结构在罕遇地震波 AW1XB 下的耗能 表 7-18

减震结构类型	总输入能量（kN·m）	阻尼器耗能（kN·m）	阻尼器耗能率（%）
减震结构 1	2944.62	1174.90	39.9
减震结构 2	2683.02	287.08	10.2
减震结构 3	3186.06	1283.98	40.3
减震结构 4	2833.89	926.68	32.7
减震结构 5	2686.74	249.86	9.3
减震结构 6	2827.38	1029.17	36.4

为了准确地分析减震结构的黏滞阻尼器耗能情况，引入阻尼器耗能率的参数：

$$阻尼器耗能率 = \frac{阻尼器耗能}{总输入能} \times 100\% \tag{7-4}$$

7.6.2 附加阻尼比对比

安装消能器后，结构的等效刚度和等效阻尼比会产生变化，结构的等效刚度等于主体结构刚度与消能器附加刚度之和。

1. 应变能法

根据《建筑抗震设计规范》GB 50011—2010（2016 年版）[2]，消能器附加给结构的有效阻尼比可以按照式（7-5）计算：

$$\xi_{\mathrm{d}} = \frac{\sum_{j=1}^{n} W_{cj}}{4\pi W_{\mathrm{s}}} \qquad (7\text{-}5)$$

式中　ξ_{d}——消能减震建筑的附加有效阻尼比；

　　　W_{cj}——第 j 个消能器在结构预期层间位移 Δu 下往复循环一周所消耗的能量；

$\sum_{j=1}^{n} W_{cj}$——结构上所有消能器耗散能量之和；

　　　W_{s}——消能减震建筑在水平地震作用下的总应变能。

此方法为基于能量的计算方法，计算中假定结构按照某一特定振型振动。因此，该方法对于受单一振型控制的结构精度较高。对于扭转影响较小的剪切型建筑，消能减震结构在水平地震作用下的应变能可以按照式（7-6）估计：

$$W_{\mathrm{s}} = \frac{1}{2} \sum F_i u_i \qquad (7\text{-}6)$$

式中　F_i——质点 i 的水平地震作用标准值；

　　　u_i——质点 i 对应于水平地震作用标准值的位移。

速度相关型黏滞阻尼器在水平地震作用下往复循环一周所消耗的能量，《建筑消能减震技术规程》JGJ 297—2013[6] 中给出了 $\alpha = 0.25$、0.5、0.75、1 情况下的简化计算公式，其他情况通过内插法进行计算：

$$W_{cj} = \lambda F_{\mathrm{dmax}} \mu_0 \qquad (7\text{-}7)$$

式中　λ——按表 7-19 建议取值；

　　　F_{dmax}——消能器在相应地震作用下的最大阻尼力。

非线性黏滞消能器参考值　　　　　　　　　　　　　　　表 7-19

阻尼指数 α	λ
0.25	3.70
0.50	3.50
0.75	3.30
1	3.10

2. 能量比法

能量比法依据结构模态耗能与模态阻尼比之比等于消能器总耗能与附加阻尼比之比，因此可通过 ETABS 软件直接提取结构的模态阻尼耗能和阻尼器耗能，进而可以计算得到结构的附加阻尼比，见式（7-8）。

$$\xi_{\mathrm{d}} = \frac{W_{\mathrm{d}}}{W_1} \xi_1 \qquad (7\text{-}8)$$

式中　ξ_{d}——消能减震结构的附加有效阻尼比；

ξ_1——消能减震结构的固有阻尼比；

W_d——所有消能部件消耗的能量（kN·m）；

W_1——结构固有阻尼比对应消耗的能量（kN·m）。

3. 不同计算方法结果对比

计算结果见表 7-20 和表 7-21。

应变能法计算的附加阻尼比   表 7-20

减震结构类型	地震波	总应变能（kN·mm）	阻尼器耗能（kN·mm）	附加阻尼比（%）
减震结构 1	AW1X	1.963×10^4	1.187×10^4	4.814
	TH1X	1.185×10^4	0.788×10^4	5.294
	TH2X	1.596×10^4	0.896×10^4	4.469
减震结构 2	AW1X	0.769×10^4	0.138×10^4	1.429
	TH1X	0.862×10^4	0.146×10^4	1.349
	TH2X	0.785×10^4	0.099×10^4	1.004
减震结构 3	AW1X	1.451×10^4	0.247×10^4	1.355
	TH1X	1.029×10^4	0.169×10^4	1.307
	TH2X	1.768×10^4	0.218×10^4	0.981
减震结构 4	AW1X	1.295×10^4	0.568×10^4	3.496
	TH1X	1.046×10^4	0.547×10^4	4.167
	TH2X	1.229×10^4	0.527×10^4	3.140
减震结构 5	AW1X	0.745×10^4	0.126×10^4	1.347
	TH1X	0.827×10^4	0.141×10^4	1.357
	TH2X	0.786×10^4	0.119×10^4	1.205
减震结构 6	AW1X	1.213×10^4	0.451×10^4	2.959
	TH1X	0.936×10^4	0.211×10^4	1.794
	TH2X	1.419×10^4	0.455×10^4	2.553

能量比法计算的附加阻尼比   表 7-21

减震结构类型	地震波	结构阻尼耗能（kN·mm）	阻尼器耗能（kN·mm）	附加阻尼比（%）
减震结构 1	AW1X	1.298×10^4	1.026×10^4	3.952
	TH1X	0.625×10^4	0.685×10^4	5.480
	TH2X	1.307×10^4	0.886×10^4	3.389
减震结构 2	AW1X	1.213×10^4	0.249×10^4	1.026
	TH1X	1.158×10^4	0.251×10^4	1.084
	TH2X	1.284×10^4	0.264×10^4	1.028

减震结构类型	地震波	结构阻尼耗能(kN·mm)	阻尼器耗能(kN·mm)	附加阻尼比(%)
减震结构3	AW1X	1.315×10^4	0.489×10^4	1.859
	TH1X	0.638×10^4	0.205×10^4	1.601
	TH2X	1.353×10^4	0.391×10^4	1.445
减震结构4	AW1X	0.882×10^4	0.639×10^4	3.627
	TH1X	0.582×10^4	0.372×10^4	3.196
	TH2X	0.963×10^4	0.576×10^4	2.991
减震结构5	AW1X	1.204×10^4	0.216×10^4	0.897
	TH1X	1.116×10^4	0.163×10^4	0.730
	TH2X	1.294×10^4	0.167×10^4	0.645
减震结构6	AW1X	1.028×10^4	0.465×10^4	2.262
	TH1X	0.608×10^4	0.216×10^4	1.776
	TH2X	1.114×10^4	0.419×10^4	1.881

由上表可知，以上两种方法计算得到的附加阻尼比结果存在一定误差，采用应变能法进行计算时，地震波输入过程中楼层剪力和层间位移最大值未必发生在同一时刻，而且在地震波输入过程中黏滞阻尼器附加给结构的阻尼是时变阻尼，因此附加有效阻尼比也应该是一个时变参数，而此处计算出的为一等效恒定的值，故采用应变能法计算时取值较为粗糙，精度较低。而采用能量比法计算时，从ETABS软件中提取结果时，取最终时刻计算阻尼比，虽然此时结构各部分趋于稳定，但取值同样较为粗糙，存在误差。

通过对比三种不同阻尼器布置位置减震结构的附加有效阻尼比可知，阻尼器均匀布置相对于其他两种布置位置能够提供相对较大的附加有效阻尼比。在布置位置相同的条件下，线性阻尼器提供的附加阻尼比大于非线性阻尼器提供的附加阻尼比。

7.7 小结

本章利用有限元分析软件ETABS对五层框架结构分别建立抗震结构模型和六种减震结构模型。在减震结构模型中，考虑了线性黏滞阻尼器、非线性黏滞阻尼器及阻尼器布置位置的变化，通过时程分析法，对比了7种结构的动力特性、地震反应（层剪力、层间位移角和楼层加速度）、地震能量和附加阻尼比的结果，得出以下结论：

1）六种减震结构的周期与抗震结构相差不大，说明设置黏滞阻尼器的减震结构，基本没有为结构提供更大的刚度，所以结构的周期变化不大。

2）在布置位置相同的情况下，非线性黏滞阻尼器在小震作用下的减震效果优于线性黏滞阻尼器，这是因为非线性黏滞阻尼器在较小的速度下，即可输出较大的阻尼力。在中震作用下，线性与非线性黏滞阻尼器的减震效果接近。而在大震作用下，线性黏滞阻尼器的减震效果优于非线性黏滞阻尼器。因此，在减震目标相同时，非线性黏滞阻尼支撑在小震下更经济，线性黏滞阻尼支撑在大震下减震效果更好，但其支撑杆件及与其连接的柱内力也随之增加，且输出很大阻尼力，可能存在阻尼器内部出现磨损损坏而不能达到减震效果的隐患，在设计中应予高度注意与处理。

3）三种地震烈度作用下，均匀、顶层及底层分别布置线性（或非线性）黏滞阻尼器后，减震结构的地震反应均减小，但减小程度各不相同。楼层剪力方面，均匀布置的减震效果最好。层间最大位移角方面，底层布置的减震效果最好。层间加速度方面，顶层布置的减震效果最好。

4）通过罕遇地震作用下的能量对比可知，均匀布置和底层布置的耗能能力最好，顶层布置的耗能效果最差。阻尼器布置位置相同时，线性阻尼器在大震作用下的耗能效果优于非线性阻尼器。

5）通过能量法计算的罕遇地震作用下的附加阻尼比可知，在阻尼器类型相同时，均匀布置位置优于顶层布置和底层布置，能够提供较大的附加有效阻尼比。在布置位置相同时，线性阻尼器提供的附加阻尼比大于非线性阻尼器。

参考文献

[1] 潘鹏，叶列平．建筑结构消能减震设计与案例［M］．北京，清华大学出版社，2014.
[2] 中华人民共和国国家标准．建筑抗震设计规范 GB 50011—2010（2016年版）［S］．北京：中国建筑工业出版社，2016.
[3] 张克诚，王健．结构附设黏滞阻尼器的支撑刚度取值范围研究［J］．特种结构，2019，36（03）：68-74.
[4] 胡庆生．黏滞阻尼器在高烈度区框架结构中的应用［D］．苏州：苏州科技大学，2019.
[5] 兰香．附加黏滞阻尼器消能减震结构的减震效率研究［D］．昆明：昆明理工大学，2018.
[6] 中华人民共和国行业标准．建筑消能减震技术规程 JGJ 297—2013［S］．北京：中国建筑工业出版社，2013.

第**8**章

框架结构消能减震（BRB支撑）计算实例

8.1　一般设计流程

一般设计流程如图 8-1 所示[1]。

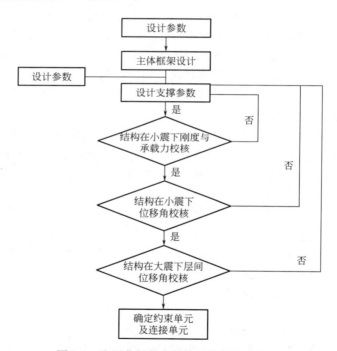

图 8-1　防屈曲耗能支撑体系的设计流程图

防屈曲耗能支撑体系设计的目标是：在地震作用下，结构保持在弹性状态，在罕遇地震发生时，防屈曲耗能支撑能先于框架结构进入塑性状态，并且通过本身的滞回耗能消耗地震的输入能量，防止结构发生过大的弹塑性变形。

防屈曲耗能支撑的主要作用是用来减少结构在罕遇地震作用下的动力反应，因而防屈曲耗能支撑体系设计也应从罕遇地震入手，考虑到结构的位移是决定倒塌与否最直接衡量指标，所以防屈曲耗能支撑体系设计应该要体现目标位移控制的思想。

防屈曲耗能支撑体系设计的具体流程为[1]：

1）首先根据竖向荷载对纯框架结构进行设计，考虑到支撑-框架体系中剪力应分担 25％的要求以及防屈曲耗能支撑对梁柱的附加内力，梁柱尺寸可适当放大，完成主体框架结构梁柱的初选。

2）确定防屈曲耗能支撑-框架结构在罕遇地震作用下的目标位移角 u_T，由式（8-1）可知，由弹塑性位移角可得到每层的层间位移 D_i，其中 $D_i = u_T h$。

《建筑抗震设计规范》GB 50011—2010（2016 年版）[2] 中 5.5.2 条规定采用隔震和消能减震设计的结构应进行弹塑性变形验算。在罕遇地震作用下可利用非线性时程分析、非线性静力分析等方法来进行结构的弹塑性分析；5.5.5 条规定结构薄弱层弹塑性层间位移应符合式（8-1）要求：

$$\Delta u_p \leqslant [\theta_p] h \tag{8-1}$$

式中　Δu_p——罕遇地震作用下楼层内最大的层间弹塑性位移角；

$[\theta_p]$——弹塑性层间位移角限值，对于框架结构可取 1/50，根据《抗震规范》12.3.3 条消能减震结构的层间弹塑性位移角限值，应符合预期的变形控制要求，宜比非消能减震结构适当减少；

h——薄弱层层高。

3）初选结构顶层的名义侧向刚度比 $R_{s,top}$，由式（8-2）可确定主体框架结构各层的刚度 $K_{f,i}$，由此可得到结构顶层的屈服剪力：

$$F_{y,top} = D_{i,top}(1 + R_{s,top}) K_{f,top} \tag{8-2}$$

由式（8-2）利用倒三角形模式水平荷载分配关系可得结构各层的屈服剪力 $F_{y,i}$，则支撑—框架结构各层的层间刚度见式（8-3）；

$$K_i = \frac{F_{y,i}}{D_i} \tag{8-3}$$

根据式（8-3）可确定结构每层防屈曲耗能支撑的侧向刚度 K_i，通过式（8-4）和式（8-5）可推导出防屈曲耗能支撑板的等效截面面积，完成对防屈曲耗能支撑内核材料和截面面积的初选。

$$\sum EA = \frac{R_s K_f h}{2\sin\theta\cos^2\theta}（人字形） \tag{8-4}$$

$$\sum EA = \frac{R_s K_f h}{\sin\theta\cos^2\theta}（单斜形） \tag{8-5}$$

4）对防屈曲耗能支撑-框架结构在小震作用下的刚度和承载力进行校核。

5）对防屈曲耗能支撑-框架结构进行多遇地震作用下的反应谱分析及时程分析，校核结构的弹性层间位移角是否满足设计要求。

6）对防屈曲耗能支撑-框架结构进行罕遇地震作用下的非线性静力分析及弹塑性时程分析，校核结构的弹塑性层间位移角是否满足设计要求。

7）校核若不满足要求，可对顶层名义侧向刚度比进行调整，重新计算各层防屈曲耗能支撑的面积；若满足要求，确定防屈曲耗能支撑芯板等效截面面积。

8.2 工程概况、阻尼器布置与安装方式

工程建筑、结构概况及结构模型信息见第 5 章 5.1 节及 5.2.2 节，该结构按传统抗震设计方法进行计算和设计，本章称第 5 章的工程结构为抗震结构或传统结构。在传统结构基础上，布置阻尼器的结构，我们称为减震结构。本章减震结构的阻尼器布置位置和数量与第 7 章相同，不同的是本章的阻尼器类型均为 BRB 支撑。

在结构设计中，支撑布置在能最大程度地发挥其耗能作用的平面位置，并且不能影响建筑使用与效果，为支撑结构发挥允许的最大承载功能的状态及结构达到使用功能极限状态，支撑布置形式根据建筑柱距及层高一般可采用 V 形斜杆、人字形斜杆或单斜杆体系，也可采用偏心支撑的布置形式[3]。

在本算例中，经过对整体指标和支撑本身的验算，定义了两种支撑截面，支撑形式采用耗能型，支撑安装方式中 BRB1 采用单斜杆形，BRB2 采用人字形，BRB 的设计参数如表 8-1 所示。

BRB 设计参数　　　　　　　　　　表 8-1

内芯形式	芯材材质	屈服承载力	芯材厚度	支撑长度
一字形	Q235B	4000KN	30mm	9400mm

减震结构一共有 6 个，各个模型的 BRB 安装方式及布置位置见表 8-2。

BRB 支撑的布置　　　　　　　　表 8-2

项目	BRB 安装方式	
布置位置	单斜形	人字形
均匀布置	方案一(隔震结构 1)	方案四(隔震结构 4)
顶层布置	方案二(隔震结构 2)	方案五(隔震结构 5)
底层布置	方案三(隔震结构 3)	方案六(隔震结构 6)

8.3 结构计算模型

结构进行地震时程分析时，结构构件单元分析模型的准确与否直接影响最后分析结果的正确性，所以建立合理的力学模型至关重要[4]。建立的结构分析模型应符合以下准则：单元分析模型必须足够准确地模拟构件及截面的材料特性、线性和非线性、弯曲与剪切工作性，同时要求分析模型简单，不会因为地震反应分

析过于复杂而影响电算的模拟实现。本书研究在有限元程序中采用自定义或程序默认的塑性铰模拟梁、柱、支撑等构件，分析屈曲约束支撑的地震反应特点，并与抗震结构进行比较。

8.3.1　BRB 在 ETABS 中的参数定义

屈曲约束支撑在 ETABS 有限元软件中需要考虑其非线性属性时，通常有三种处理方法[5]：

1）通过连接单元模拟通过连接单元模拟，连接的类型可以选择 Plastic（Wen）模型，需要在 U1 轴向方向上定义其线性属性和非线性属性，见图 8-2。

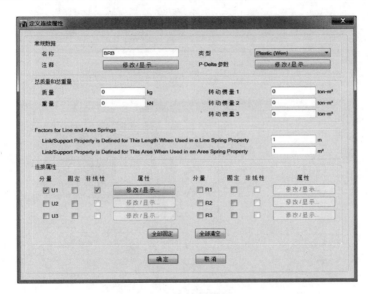

图 8-2　连接单元模拟 BRB

2）当进行静力弹塑性分析时，不便于在模型中直观地观察 BRB 是否屈服时，可以通过在 ETABS 中定义一个刚度、屈服力与屈曲约束支撑相同的箱形截面钢支撑，屈曲约束支撑的非线性属性可以采用框架铰中的轴力铰来模拟，但是屈曲约束支撑在受压和受拉两种状态下的力学行为相同，而程序中默认的轴力铰考虑了支撑受压屈曲的性能，故不可以采用其默认属性，需要自定义一个骨架曲线对称的轴力铰，见图 8-3。轴力铰定义完毕后，将其指定给屈曲约束支撑，铰位置取 0.5 倍杆长的位置。

3）ETABS 软件在框架单元类型中直接提供了 BRB 的截面类型，在该单元属性中可直接定义 BRB 的屈服核心材料、屈服核心的面积、弹性段刚度、屈服核心长度、弹性段长度等，见图 8-4，可以简便直观地参与 BRB 构件的截面设计。其非线性属性也有与之相对应的基于该截面属性的自动 BRB 铰类型。

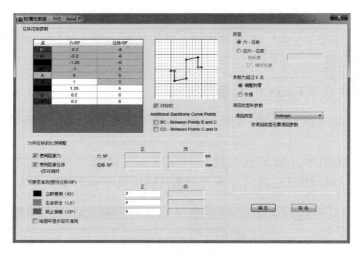

图 8-3　自定义轴力铰

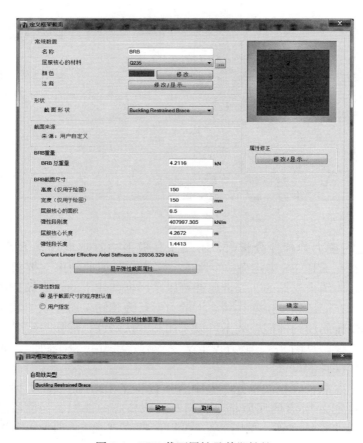

图 8-4　BRB 截面属性及其塑性铰

8.3.2　BRB 不同安装方式在 ETABS 中的定义

根据建筑功能及本工程特性，BRB 屈曲支撑模型图如图 8-5～图 8.10 所示。模型建立先按一般结构建模方法完成梁、板、柱的建模，添加楼屋面恒、活荷载，梁上隔墙荷载，按结构平面图中所示位置布置支撑，并按常规结构设置结构分析参数，模型输入完成后，屈曲约束支撑需要在程序中将两端连接边界条件修改为铰接[6]。

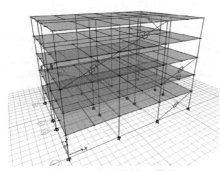
图 8-5　减震结构 1 模型

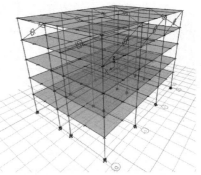
图 8-6　减震结构 2 模型

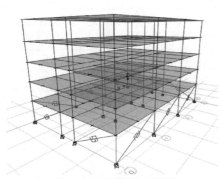
图 8-7　减震结构 3 模型

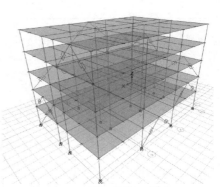
图 8-8　减震结构 4 模型

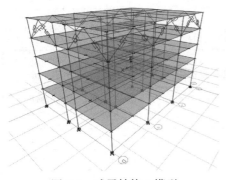
图 8-9　减震结构 5 模型

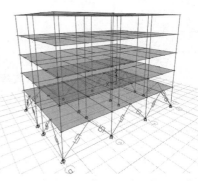
图 8-10　减震结构 6 模型

8.4 结构模态（动力特性）分析

8.4.1 减震结构模态分析

六种减震结构在按 8 度 0.3g 地震作用选出的三条波作用下，结构的自振周期与振型结果分别见表 8-3～表 8-8。

减震结构 1 的自振周期和振型　　　　　　　　　　　表 8-3

振型	结构周期（s）	X 向平动系数	Y 向平动系数	Z 向扭转系数	X 向平动质量参与系数	Y 向平动质量参与系数	Z 向扭转质量参与系数
1	0.715	0.0001	0.8654	0	0.0001	0.8654	0
2	0.483	0.8636	0.0001	0	0.8636	0.8655	0
3	0.431	0	0.0002	0.865	0.8636	0.8655	0.865

减震结构 2 的自振周期和振型　　　　　　　　　　　表 8-4

振型	结构周期（s）	X 向平动系数	Y 向平动系数	Z 向扭转系数	X 向平动质量参与系数	Y 向平动质量参与系数	Z 向扭转质量参与系数
1	0.705	0.0169	0.8526	0	0.0169	0.8526	0
2	0.472	0.8648	0.0188	0.0001	0.8818	0.8714	0.0001
3	0.420	0.0251	0.0678	0.8406	0.9069	0.9391	0.0407

减震结构 3 的自振周期和振型　　　　　　　　　　　表 8-5

振型	结构周期（s）	X 向平动系数	Y 向平动系数	Z 向扭转系数	X 向平动质量参与系数	Y 向平动质量参与系数	Z 向扭转质量参与系数
1	0.697	0.0048	0.7875	0.0004	0.0016	0.8515	0.0004
2	0.458	0.8626	0.002	0.0002	0.8642	0.8534	0.0006
3	0.410	0.001	0.0087	0.9215	0.8652	0.8621	0.9221

减震结构 4 的自振周期和振型　　　　　　　　　　　表 8-6

振型	结构周期（s）	X 向平动系数	Y 向平动系数	Z 向扭转系数	X 向平动质量参与系数	Y 向平动质量参与系数	Z 向扭转质量参与系数
1	0.695	0.0035	0.8721	0.0041	0.0035	0.8721	0.0041
2	0.460	0.865	0.0045	0.0055	0.8685	0.8767	0.0096
3	0.404	0.011	0.0074	0.8608	0.8794	0.884	0.8705

减震结构 5 的自振周期和振型　　　　　　　　　　　表 8-7

振型	结构周期（s）	X 向平动系数	Y 向平动系数	Z 向扭转系数	X 向平动质量参与系数	Y 向平动质量参与系数	Z 向扭转质量参与系数
1	0.702	0.0169	0.8526	0.1396	0.0169	0.8526	0.0
2	0.463	0.8648	0.0188	0.0018	0.8818	0.8714	0.0001
3	0.414	0.0251	0.0678	0.4962	0.9069	0.9391	0.0407

减震结构 6 的自振周期和振型　　　　　　　　　　　表 8-8

振型	结构周期（s）	X 向平动系数	Y 向平动系数	Z 向扭转系数	X 向平动质量参与系数	Y 向平动质量参与系数	Z 向扭转质量参与系数
1	0.727	0.0016	0.8515	0.0004	0.0016	0.8515	0.0004
2	0.473	0.8626	0.002	0.0002	0.8642	0.8534	0.0006
3	0.426	0.001	0.0087	0.9215	0.8652	0.8621	0.9221

通过上表质量与系数的分析，可以判断各阶模态振型的平扭属性，见表 8-9。

各阶模态振型的平扭属性　　　　　　　　　　　表 8-9

减震结构类型	模态	振型描述
减震结构 1	1	Y 方向平动
	2	X 方向平动
	3	绕 Z 轴扭转
减震结构 2	1	Y 方向平动
	2	X 方向平动
	3	绕 Z 轴扭转
减震结构 3	1	Y 方向平动
	2	X 方向平动
	3	绕 Z 轴扭转
减震结构 4	1	Y 方向平动
	2	X 方向平动
	3	绕 Z 轴扭转
减震结构 5	1	Y 方向平动
	2	X 方向平动
	3	绕 Z 轴扭转
减震结构 6	1	Y 方向平动
	2	X 方向平动
	3	绕 Z 轴扭转

8.4.2 减震结构与传统结构模态对比分析

六种减震结构和抗震结构的自振周期对比如表 8-10 所示，从中可以发现，相比于抗震结构，BRB 减震结构的结构周期减小，这是因为 BRB 可以提供一定的刚度，从而使结构周期减小。黏滞阻尼器减震结构的自振周期与振型结果见第 7 章表 7-4～表 7-10，从这些表中数据的对比可以看出 BRB 减震结构的周期与黏滞阻尼器减震结构不同，黏滞阻尼器减震结构基本不改变原结构周期，BRB 减震结构能减小原结构的周期，因为 BRB 支撑能给原结构提供刚度，但 BRB 减震结构改变原结构周期方式又不同于隔震结构，隔震结构是增大原结构的周期。

减震结构与抗震结构周期对比 表 8-10

振型	抗震结构	减震结构 1	减震结构 2	减震结构 3	减震结构 4	减震结构 5	减震结构 6
1	0.868	0.715	0.705	0.697	0.695	0.702	0.727
2	0.859	0.483	0.472	0.458	0.460	0.463	0.473
3	0.776	0.431	0.420	0.410	0.404	0.414	0.426

8.5 基于时程分析法的减震效果评价

时程分析法可根据结构是否进入塑性状态以及屈曲约束支撑恢复力特性划为两种：线性时程分析和非线性时程分析。当在地震作用下主体结构保持弹性，屈曲约束支撑也为弹性，这时可采用线性时程分析；当在地震作用下结构保持弹性状态，支撑进入塑性状态，则可根据需要采用其等效刚度和等效阻尼进行线性时程分析，或考虑其恢复力的非线性使用非线性时程分析方法；当主体结构和支撑都进入塑性阶段时，必须使用非线性时程分析方法。非线性分析时体系的非线性特征可从每个时间增量起点的变形形状得到反映，一个时间增量终点的结构形态（速度、位移）作为下一个时间增量的初始条件，从而可得到结构的整个反应。

为了研究六种减震结构的减震效果，利用 ETABS 软件对六种减震结构分别进行多遇地震、设防地震（8 度 0.15g）、罕遇地震作用下的地震反应分析，分别对比抗震结构与六种减震结构的结构楼层剪力、层间位移角和楼层加速度（对比时，取三条地震波时程分析结果的平均值），并给出结构的耗能时程和附加阻尼比，对六种减震结构的抗震性能进行评价。

8.5.1 层剪力对比

1. X 方向

地震作用下 X 方向楼层剪力最大值见表 8-11。

地震作用下 X 方向楼层剪力最大值 表 8-11

地震烈度	模型方案	最大楼层剪力(kN)	减震率(%)
多遇地震	抗震结构	3365	—
	减震结构 1	3142	6.63
	减震结构 2	3250	3.42
	减震结构 3	3272	2.76
	减震结构 4	2776	17.51
	减震结构 5	2890	14.12
	减震结构 6	2871	14.68
设防地震	抗震结构	9178	—
	减震结构 1	8546	6.89
	减震结构 2	8781	4.33
	减震结构 3	8432	8.13
	减震结构 4	6683	27.18
	减震结构 5	7882	14.12
	减震结构 6	7830	14.68
罕遇地震	抗震结构	15603	—
	减震结构 1	14444	7.43
	减震结构 2	14494	7.11
	减震结构 3	12685	18.70
	减震结构 4	13311	14.68
	减震结构 5	13399	14.13
	减震结构 6	11420	26.81

1）多遇地震作用下，7 种结构的楼层剪力对比见图 8-11，通过数据对比可知：（1）在布置位置相同的条件下，人字形 BRB 在减少层间剪力的效果上比单斜形 BRB 好；（2）在同类型阻尼器的条件下，均匀布置的方案在减少层间剪力的效果上比其余两种布置方案的效果好。

2）设防地震作用下，7 种结构的楼层剪力对比见图 8-12，通过数据对比可知：（1）在布置位置相同的条件

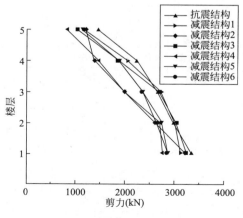

图 8-11 多遇地震（X 向）

下，人字形 BRB 在减少层间剪力的效果上比单斜形 BRB 好；（2）在同类型阻尼器的条件下，均匀布置的方案在减少层间剪力的效果上比其余两种布置方案的效果好。

3）罕遇地震作用下，7 种结构的楼层剪力对比见图 8-13，通过数据对比可知：（1）在布置位置相同的条件下，人字形 BRB 在减少层间剪力的效果上比单斜形 BRB 好；（2）在同类型阻尼器的条件下，底层布置的方案在减少层间剪力的效果上比其余两种布置方案的效果好。

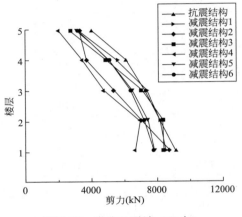

图 8-12 设防地震波（X 向）

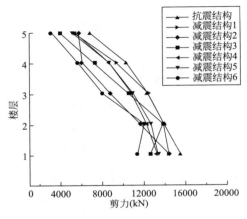

图 8-13 罕遇地震（X 向）

2. Y 方向

地震作用下 Y 方向楼层剪力最大值见表 8-12。

地震作用下 Y 方向楼层剪力最大值 表 8-12

地震烈度	模型方案	最大楼层剪力(kN)	减震率(%)
多遇地震	抗震结构	3374	—
	减震结构 1	3082	8.65
	减震结构 2	3232	4.21
	减震结构 3	3096	8.24
	减震结构 4	2953	12.48
	减震结构 5	2990	11.38
	减震结构 6	2932	13.10
设防地震	抗震结构	9202	—
	减震结构 1	8396	8.76
	减震结构 2	8704	5.41
	减震结构 3	7739	15.89

续表

地震烈度	模型方案	最大楼层剪力（kN）	减震率（%）
设防地震	减震结构4	8055	12.46
	减震结构5	8156	11.37
	减震结构6	7997	13.09
罕遇地震	抗震结构	15644	—
	减震结构1	14235	7.42
	减震结构2	14523	7.10
	减震结构3	13594	18.70
	减震结构4	13695	14.68
	减震结构5	13866	14.13
	减震结构6	13285	26.81

1）多遇地震作用下，7种结构的楼层剪力对比见图8-14，通过数据对比可知：（1）在布置位置相同的条件下，人字形BRB在减少层间剪力的效果上比单斜形BRB好；（2）在同类型阻尼器的条件下，底层布置的方案在减少层间剪力的效果上比其余两种布置方案的效果好。

2）设防地震作用下，7种结构的楼层剪力对比见图8-15，通过数据对比可知：（1）在布置位置相同的条件下，人字形BRB在减少层间剪力的效果上比单斜形BRB好；（2）在同类型阻尼器的条件下，底层布置的方案在减少层间剪力的效果上比其余两种布置方案的效果好。

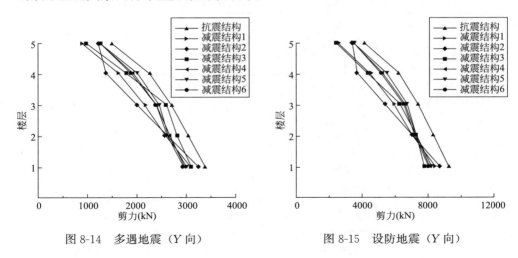

图8-14　多遇地震（Y向）　　　　图8-15　设防地震（Y向）

3）罕遇地震作用下，7种结构的楼层剪力对比见图8-16，通过数据对比可知：（1）在布置位置相同的条件下，人字形BRB在减少层间剪力的效果上比单斜形 BRB 好；（2）在同类型阻尼器的条件下，底层布置的方案在减少层间剪力的效果上比其余两种布置方案的效果好。

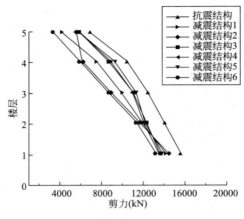

图 8-16　罕遇地震（Y 向）

8.5.2　层间位移角对比

1. X 方向

地震作用下 X 方向层间位移角最大值见表 8-13。

地震作用下 X 方向层间位移角最大值　　　　　　　　表 8-13

地震烈度	模型方案	最大层间位移角($\times 10^{-4}$)	减震率(%)
多遇地震	抗震结构	20.33	—
	减震结构 1	16.12	20.71
	减震结构 2	17.51	13.87
	减震结构 3	15.43	24.10
	减震结构 4	13.82	32.02
	减震结构 5	18.34	9.78
	减震结构 6	16.32	19.73
设防地震	抗震结构	55.55	—
	减震结构 1	44.06	20.68
	减震结构 2	47.23	14.97
	减震结构 3	40.61	26.89
	减震结构 4	38.42	30.84
	减震结构 5	49.81	10.33
	减震结构 6	44.42	20.03

续表

地震烈度	模型方案	最大层间位移角($\times10^{-4}$)	减震率(%)
罕遇地震	抗震结构	94.17	——
	减震结构 1	53.82	42.84
	减震结构 2	76.81	18.43
	减震结构 3	16.83	82.13
	减震结构 4	53.72	42.95
	减震结构 5	77.31	17.90
	减震结构 6	55.12	41.46

1）多遇地震作用下，7 种结构的层间位移角对比见图 8-17，通过数据对比可知：（1）在布置位置相同的条件下，单斜形 BRB 在减少底层层间位移角的效果上比人字形 BRB 好；（2）在同类型阻尼器的条件下，均匀布置的方案在减少层间位移角的效果上比其余两种布置方案的效果好；（3）抗震结构和六种减震结构在多遇地震作用下，最大层间位移角分别为 1/499、1/620、1/572、1/648、1/723、1/551，抗震结构大于 1/550，不满足要求，其余均小于弹性层间位移角限值 1/550，抗震结构大于 1/550，不满足要求，其余均小于弹性层间位移角限值 1/550，满足要求。

2）设防地震作用下，7 种结构的层间位移角对比见图 8-18，通过数据对比可知：（1）在布置位置相同的条件下，单斜形 BRB 在减少层间位移角的效果上比人字形 BRB 好；（2）在同类型阻尼器的条件下，底层布置的方案在减少层间位移角的效果上比其余两种布置方案的效果好；（3）抗震结构和六种减震结构在设防地震作用下，最大层间位移角分别为 1/180、1/226、1/211、1/246、1/260、1/200、1/225。

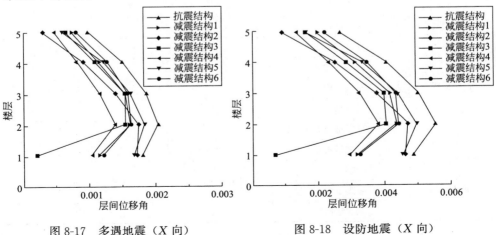

图 8-17 多遇地震（X 向）　　　　图 8-18 设防地震（X 向）

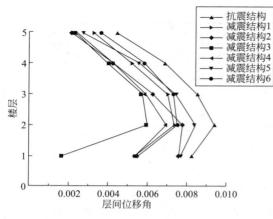

图 8-19 罕遇地震（X 向）

3）罕遇地震作用下，7 种结构的层间位移角对比见图 8-19，通过数据对比可知：（1）在布置位置相同的条件下，单斜形 BRB 在减少底层层间位移角的效果上比人字形 BRB 好；（2）在同类型阻尼器的条件下，底层布置的方案在减少层间位移角的效果上比其余两种布置方案的效果好；（3）六种减震结构在罕遇地震作用下，最大层间位移角分别为 1/106、1/185、1/130、1/594、1/186、1/129、1/181，均小于弹塑性层间位移角限值 1/50。

2. Y 方向

地震作用下 Y 方向层间位移角最大值见表 8-14。

地震作用下 Y 方向层间位移角最大值 　　　　　　　　　表 8-14

地震烈度	模型方案	最大层间位移角（×10⁻⁴）	减震率（%）
多遇地震	抗震结构	20.04	—
	减震结构 1	17.42	13.04
	减震结构 2	19.30	3.69
	减震结构 3	16.32	18.56
	减震结构 4	19.14	4.49
	减震结构 5	19.53	2.54
	减震结构 6	18.31	8.63
设防地震	抗震结构	55.54	—
	减震结构 1	47.74	14.04
	减震结构 2	51.23	7.76
	减震结构 3	40.93	26.31
	减震结构 4	52.24	5.94
	减震结构 5	53.31	4.02
	减震结构 6	49.82	10.30
罕遇地震	抗震结构	94.17	—
	减震结构 1	77.43	17.77
	减震结构 2	82.22	12.69

续表

地震烈度	模型方案	最大层间位移角（$\times 10^{-4}$）	减震率（%）
罕遇地震	减震结构3	37.31	60.38
	减震结构4	79.32	15.79
	减震结构5	79.75	15.31
	减震结构6	67.12	28.72

1) 多遇地震作用下，7种结构的层间位移角对比见图8-20，通过数据对比可知：(1) 在布置位置相同的条件下，单斜形BRB在减少底层层间位移角的效果上比人字形BRB好；(2) 在同类型阻尼器的条件下，底层布置的方案在减少层间位移角的效果上比其余两种布置方案的效果好；(3) 抗震结构和六种减震结构在多遇地震作用下，最大层间位移角分别为1/499、1/574、1/518、1/612、1/522、1/512，抗震结构减震方案2、3、4和大于1/550，不满足要求，其余均小于弹性层间位移角限值1/550，满足要求。

2) 设防地震作用下，7种结构的层间位移角对比见图8-21，通过数据对比可知：(1) 在布置位置相同的条件下，单斜形BRB在减少层间位移角的效果上比人字形BRB好；(2) 在同类型阻尼器的条件下，底层布置的方案在减少层间位移角的效果上比其余两种布置方案的效果好；(3) 抗震结构和六种减震结构在设防地震作用下，最大层间位移角分别为1/180、1/209、1/195、1/244、1/191、1/187、1/200。

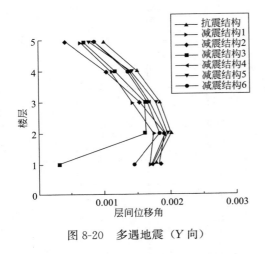

图8-20 多遇地震（Y向）

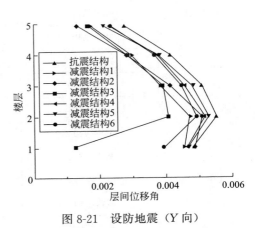

图8-21 设防地震（Y向）

3) 罕遇地震作用下，7种结构的层间位移角对比见图8-22，通过数据对

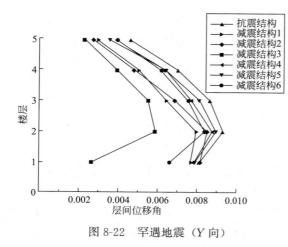

图 8-22　罕遇地震 (Y 向)

比可知：（1）在布置位置相同的条件下，单斜形 BRB 在减少底层层间位移角的效果上比人字形 BRB 好；（2）在同类型阻尼器的条件下，底层布置的方案在减少层间位移角的效果上比其余两种布置方案的效果好；（3）六种减震结构在罕遇地震作用下，最大层间位移角分别为 1/106、1/129、1/121、1/268、1/126、1/125、1/148，均小于弹塑性层间位移角限值 1/50。

8.5.3　楼层加速度对比

1. X 方向

地震作用下 X 方向楼层加速度最大值见表 8-15。

地震作用下 X 方向楼层加速度最大值　　　　　　表 8-15

地震烈度	模型方案	最大楼层加速度（mm/s²）	减震率（%）
多遇地震	抗震结构	2170	—
	减震结构 1	1843	15.06
	减震结构 2	1612	25.71
	减震结构 3	1933	10.92
	减震结构 4	1925	11.29
	减震结构 5	1627	25.02
	减震结构 6	1711	21.15
设防地震	抗震结构	5918	—
	减震结构 1	5005	15.43
	减震结构 2	4313	27.12
	减震结构 3	4976	15.92
	减震结构 4	5544	6.32
	减震结构 5	4439	24.99
	减震结构 6	4666	21.15

续表

地震烈度	模型方案	最大楼层加速度（mm/s²）	减震率（%）
罕遇地震	抗震结构	10060	—
	减震结构1	8430	16.20
	减震结构2	7548	24.97
	减震结构3	7372	26.72
	减震结构4	8640	14.11
	减震结构5	7546	24.99
	减震结构6	7933	21.14

1）多遇地震作用下，7种结构的楼层加速度对比见图8-23，通过数据对比可知：（1）在布置位置相同的条件下，单斜形BRB在减少层间加速度的效果上比人字形BRB好；（2）在同类型阻尼器的条件下，顶层布置的方案在减少层间加速度的效果上比其余两种布置方案的效果好。

2）设防地震作用下，7种结构的楼层加速度对比见图8-24，通过数据对比可知：（1）在布置位置相同的条件下，单斜形BRB在减少层间加速度的效果上比人字形BRB好；（2）在同类型阻尼器的条件下，顶层布置的方案在减少层间加速度的效果上比其余两种布置方案的效果好。

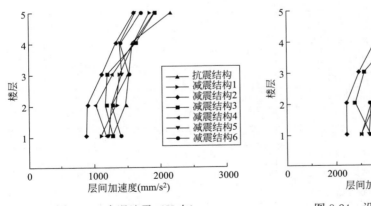

图8-23 多遇地震（X向）

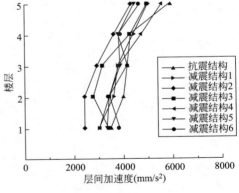

图8-24 设防地震（X向）

3）罕遇地震作用下，7种结构的楼层加速度对比见图8-25，通过数据对比可知：（1）在布置位置相同的条件下，单斜形BRB在减少层间加速度的效果上比人字形BRB好；（2）在同类型阻尼器的条件下，顶层布置的方案在减少层间加速度的效果上比其余两种布置方案的效果好。

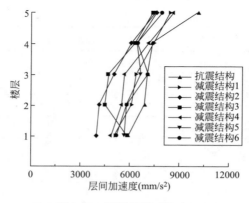

图 8-25 罕遇地震（X 向）

2. Y 方向

地震作用下 Y 方向楼层加速度最大值见表 8-16。

地震作用下 Y 方向楼层加速度最大值

表 8-16

地震烈度	模型方案	最大楼层加速度（mm/s²）	减震率（%）
多遇地震	抗震结构	2166	—
	减震结构 1	1790	17.36
	减震结构 2	1685	22.21
	减震结构 3	1785	17.59
	减震结构 4	2014	7.02
	减震结构 5	1805	16.67
	减震结构 6	1816	16.16
设防地震	抗震结构	5907	—
	减震结构 1	4880	17.39
	减震结构 2	4559	22.82
	减震结构 3	4482	24.12
	减震结构 4	5305	10.19
	减震结构 5	4924	16.64
	减震结构 6	4954	16.13
罕遇地震	抗震结构	10043	—
	减震结构 1	8280	17.55
	减震结构 2	7437	25.94
	减震结构 3	6500	35.27
	减震结构 4	8481	15.55
	减震结构 5	8371	16.64
	减震结构 6	8422	16.14

1）多遇地震作用下，7 种结构的楼层加速度对比见图 8-26，通过数据对比可知：（1）在布置位置相同的条件下，单斜形 BRB 在减少层间加速度的效果上比人字形 BRB 好；（2）在同类型阻尼器的条件下，顶层布置的方案在减少层间加速度的效果上比其余两种布置方案的效果好。

2）设防地震作用下，7 种结构的楼层加速度对比见图 8-27，通过数据对比可知：（1）在布置位置相同的条件下，单斜形 BRB 在减少层间加速度的效果上比人字形 BRB 好；（2）在同类型阻尼器的条件下，底层布置的方案在减少层间加速度的效果上比其余顶层、布置方案的效果好。

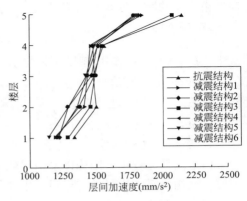

图 8-26　多遇地震（Y 向）

3）罕遇地震作用下，7 种结构的楼层加速度对比见图 8-28，通过数据对比可知：（1）在布置位置相同的条件下，单斜形 BRB 在减少层间加速度的效果上比人字形 BRB 好；（2）在同类型阻尼器的条件下，底层布置的方案在减少层间加速度的效果上比其余顶层布置方案的效果好。

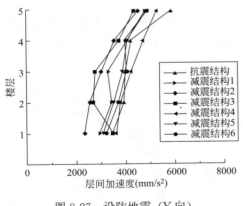

图 8-27　设防地震（Y 向）

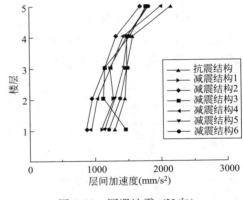

图 8-28　罕遇地震（Y 向）

8.6　基于能量法的结构减震效果评价

通过在原结构设置屈曲约束支撑，地震荷载作用下屈曲约束支撑通过滞回耗能的形式消耗大量的地震能量，迅速衰减原结构地震反应使其免于损坏。关于屈曲约束支撑的减震原理，可以从能量法角度进行描述，地震作用下原结构能量方程为式（8-6）：

$$E_{eq} = E_k + E_d + E_t + E_h \tag{8-6}$$

式中　E_{eq}——地震作用输入到原结构体系的能量；

　　　E_k——结构动能；

　　　E_d——结构阻尼耗能；

　　　E_t——结构弹性变形能；

　　　E_h——结构塑性变形耗能。

以上能量方程中，结构体系阻尼耗能在地震输入能量中占比很小，可以忽略不计。结构体系完成弹性变形后，主要依靠结构体系的塑性变形消耗地震输入能量，消耗地震能量越多，塑性变形程度越大，结构损伤程度越严重。

消能减震结构振动能量方程，见式（8-7）：

$$E_{eq} = E_k + E_d + E_t + E_c + E_h \tag{8-7}$$

式中　E_c——屈曲约束支撑所消耗的地震能量。

由以上能量方程（8-7）可知，屈曲约束支撑在原结构发生塑性变形之前就已经进入工作状态，并以附加阻尼耗能 E_c 的形式消耗地震输入能量，显著衰减原结构塑性变形耗能，从而达到控制结构地震反应，减轻原结构损坏程度的目标。

8.6.1　结构能量对比

以罕遇地震波 AW1XB 作用时为例，从 ETABS 软件提取了该地震波输入时结构的能量时程，由图 8-29 可知，阻尼器能够耗散输入地震的部分能量，见表 8-17，进而能够保护结构主体。

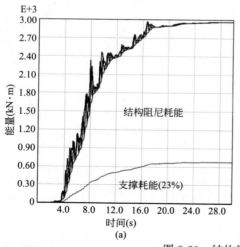
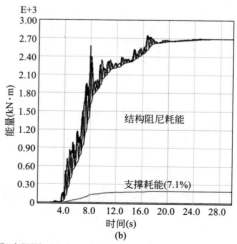

图 8-29　结构能量时程图（一）

（a）减震结构 1；（b）减震结构 2；

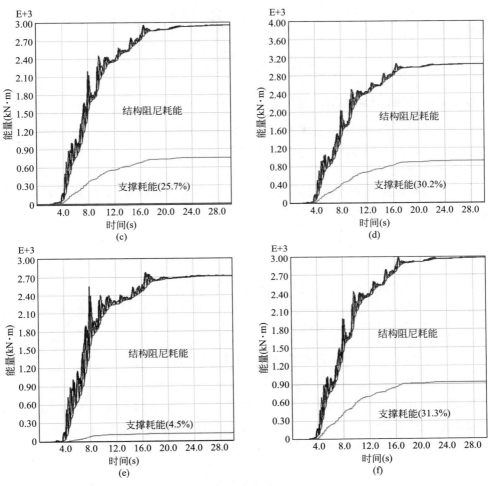

图 8-29　结构能量时程图（二）
（c）减震结构 3；（d）减震结构 4；（e）减震结构 5；（f）减震结构 6

BRB 结构在罕遇地震波 AW1XB 下的耗能　　　　　表 8-17

减震结构类型	总输入能量(kN·m)	BRB 支撑耗能(kN·m)	BRB 支撑耗能率(%)
减震结构 1	2964.43	681.36	23.0
减震结构 2	2691.32	191.01	7.1
减震结构 3	2952.54	758.52	25.7
减震结构 4	3051.89	920.81	30.2
减震结构 5	2715.12	121.05	4.5
减震结构 6	2978.79	932.51	31.3

为了准确地分析减震结构的 BRB 支撑耗能情况，引入 BRB 支撑耗能率的参数：

$$支撑耗能率 = \frac{支撑耗能}{总输入能} \times 100\% \qquad (8\text{-}8)$$

8.6.2 附加阻尼比对比

安装屈曲约束支撑后，结构的等效刚度和等效阻尼比会产生变化。结构的等效刚度等于主体结构刚度与屈曲约束支撑附加刚度之和。

1. 应变能法

根据《建筑抗震设计规范》GB 50011—2010（2016 年版），屈曲约束支撑附加给结构的有效阻尼比可以按照式（8-9）计算：

$$\xi_d = \frac{\sum_{j=1}^{n} W_{cj}}{4\pi W_s} \qquad (8\text{-}9)$$

式中　ξ_d——屈曲约束支撑对结构的附加有效阻尼比；

　　　W_{cj}——第 j 个屈曲约束支撑在结构预期层间位移 Δu 下往复循环一周所消耗的能量；

$\sum_{j=1}^{n} W_{cj}$——结构上所有屈曲约束支撑耗散能量之和；

　　　W_s——屈曲约束支撑在水平地震作用下的总应变能。

此方法为基于能量的计算方法，计算中假定结构按照某一特定振型振动。因此，该方法对于受单一振型控制的结构精度较高。对于扭转影响较小的剪切型建筑，消能减震结构在水平地震作用下的弹性能按照式（8-9）估计：

$$W_s = \frac{1}{2} \sum F_i u_i \qquad (8\text{-}10)$$

式中　F_i——质点 i 的水平地震作用标准值；

　　　u_i——质点 i 对应于水平地震作用标准值的位移。

位移相关型阻尼器[7] 在水平地震作用下往复循环一周所消耗的能量，可以按下式计算：

$$W_{cj} = \sum A_j \qquad (8\text{-}11)$$

式中　A_j——第 j 个消能器的恢复力滞回环在相对水平位移 Δu_j 时的面积（kN·m）。

2. 能量比法

能量比法依据结构模态耗能与模态阻尼比之比等于消能器总耗能与附加阻尼比之比，因此可通过 ETABS 软件直接提取结构的模态阻尼耗能和阻尼器耗能，进而可以计算得到结构的附加阻尼比。

$$\xi_d = \frac{W_d}{W_1}\xi_1 \tag{8-12}$$

式中 ξ_d——消能减震结构的附加有效阻尼比；

      ξ_1——消能减震结构的固有阻尼比；

      W_d——所有消能部件消耗的能量（kN·m）；

      W_1——结构固有阻尼比对应消耗的能量（kN·m）。

3. 不同计算方法结果对比

结果见表 8-18 和表 8-19。

应变能法计算的附加阻尼比   表 8-18

减震结构类型	地震波	总应变能（kN·mm）	支撑耗能（kN·mm）	附加阻尼比（%）
减震结构 1	AW1XB	2.989×10^5	5.788×10^4	1.541
	TH1XB	2.475×10^5	5.805×10^4	1.866
	TH2XB	2.168×10^5	5.544×10^4	2.035
减震结构 2	AW1XB	3.402×10^5	2.788×10^4	0.652
	TH1XB	2.880×10^5	2.805×10^4	0.775
	TH2XB	3.174×10^5	2.544×10^4	0.638
减震结构 3	AW1XB	2.511×10^5	6.411×10^4	2.032
	TH1XB	2.788×10^5	5.225×10^4	1.491
	TH2XB	2.454×10^5	5.908×10^4	1.916
减震结构 4	AW1XB	2.042×10^5	5.438×10^4	2.119
	TH1XB	2.503×10^5	5.605×10^4	1.782
	TH2XB	1.908×10^5	5.542×10^4	2.311
减震结构 5	AW1XB	3.343×10^5	1.147×10^4	0.273
	TH1XB	2.781×10^5	1.143×10^4	0.409
	TH2XB	3.300×10^5	1.483×10^4	0.358
减震结构 6	AW1XB	2.223×10^5	6.785×10^4	2.429
	TH1XB	2.475×10^5	6.045×10^4	1.944
	TH2XB	2.147×10^5	7.155×10^4	2.652

能量比法计算的附加阻尼比   表 8-19

减震结构类型	地震波	结构阻尼耗能（kN·mm）	支撑耗能（kN·mm）	附加阻尼比（%）
减震结构 1	AW1XB	2.263×10^5	0.679×10^5	1.500
	TH1XB	1.561×10^5	0.554×10^5	1.775
	TH2XB	2.389×10^5	0.763×10^5	1.597

减震结构类型	地震波	结构阻尼耗能(kN·mm)	支撑耗能(kN·mm)	附加阻尼比(%)
减震结构2	AW1XB	2.499×10^5	0.196×10^5	0.392
	TH1XB	2.036×10^5	0.151×10^5	0.371
	TH2XB	2.835×10^5	0.227×10^5	0.400
减震结构3	AW1XB	2.194×10^5	0.758×10^5	1.727
	TH1XB	1.425×10^5	0.554×10^5	1.944
	TH2XB	2.289×10^5	0.820×10^5	1.791
减震结构4	AW1XB	2.083×10^5	0.961×10^5	2.308
	TH1XB	1.296×10^5	0.683×10^5	2.635
	TH2XB	2.159×10^5	1.032×10^5	2.389
减震结构5	AW1XB	2.579×10^5	0.138×10^5	0.268
	TH1XB	1.999×10^5	0.085×10^5	0.213
	TH2XB	2.094×10^5	0.136×10^5	0.325
减震结构6	AW1XB	2.027×10^5	0.981×10^5	2.419
	TH1XB	1.251×10^5	0.610×10^5	2.438
	TH2XB	2.094×10^5	0.997×10^5	2.381

由上表可知，以上两种方法计算得到的附加阻尼比结果存在一定误差，采用应变能法进行计算时，地震波输入过程中楼层剪力和层间位移最大值未必发生在同一时刻，而且在地震波输入过程中阻尼器附加给结构的阻尼是时变阻尼，因此附加有效阻尼比也应该是一个时变参数，而此处计算出的为一等效恒定的值，故采用应变能法计算时取值较为粗糙，精度较低。而采用能量比法计算时，从ETABS软件中提取结果时，取最终时刻计算阻尼比，虽然此时结构各部分趋于稳定，但取值同样较为粗糙，存在误差。

通过对比三种不同阻尼器布置位置减震结构的附加有效阻尼比可知：阻尼器底层布置、均匀布置优于顶层布置，能够提供相对较大的附加有效阻尼比；在布置位置相同的条件下，人字形 BRB 提供的附加阻尼比大于单斜形 BRB 提供的附加阻尼比。

8.7 小结

本章利用有限元分析软件 ETABS 对五层框架结构分别建立抗震结构模型和六种减震结构模型。在减震结构模型中，考虑了 BRB 人字形安装、单斜形安装及布置位置的变化，通过时程分析法，对比了 7 种结构的动力特性、地震反应（层剪力、层间位移角和楼层加速度）、地震能量和附加阻尼比的结果，得出以下结论：

1）六种 BRB 减震结构的周期与抗震结构相比均减小，因为 BRB 支撑能给原结构提供附加刚度，增大原结构的刚度，从而可以减小原结构的周期。

2）在布置位置相同的条件下，小震烈度下，人字形 BRB 在减小层间剪力方面较优，单斜形 BRB 在减小层间位移角和楼层加速度方面较优。中震烈度下，人字形 BRB 和单斜形 BRB 在减小楼层剪力、层间位移角、楼层加速度方面规律不明显。大震烈度下，人字形 BRB 在减小层间剪力、层间位移角方面较优，单斜形 BRB 在减小楼层加速度方面较优。

3）三种地震烈度作用下，均匀、顶层及底层分别布置单斜形（或人字形）BRB 支撑后，减震结构的地震反应均减小，但减小程度各不相同。楼层剪力和层间最大位移角方面，均匀布置和底层布置的减震效果较好。层间加速度方面，顶层布置的减震效果最好。

4）通过罕遇地震作用下的能量对比可知，均匀布置和底层布置的耗能能力最好，顶层布置的耗能效果最差。阻尼器布置位置相同时，人字形 BRB 在大震作用下的耗能效果优于单斜形 BRB。

5）通过能量法计算的罕遇地震作用下的附加阻尼比可知，在阻尼器类型相同时，均匀布置、底层布置优于顶层布置，能够提供较大的附加有效阻尼比。在布置位置相同的条件下，人字形 BRB 提供的附加阻尼比大于单斜形 BRB 提供的附加阻尼比。

参考文献

[1]　刘如月 . 防屈曲支撑混凝土框架结构抗震性能及设计方法研究［D］. 西安：西安建筑科技大学，2018.

[2]　中华人民共和国国家标准 . 建筑抗震设计规范 GB 50011—2010（2016 年版）［S］. 北京：中国建筑工业出版社，2016.

[3]　孟维华，王大军，张举涛 . BRB 消能减震器在多高层建筑物的应用和计算分析［J］. 甘肃科技，2015，31（18）：110-113＋34.

[4]　李贝贝 . 装配式钢管混凝土框架-屈曲约束支撑结构抗震设计方法及地震易损性分析［D］. 合肥：合肥工业大学，2019.

[5]　徐耐俊 . 屈曲约束支撑研究及在抗震设计中的应用［D］. 合肥：合肥工业大学，2017.

[6]　骆如宁 . 屈曲约束支撑的应用分析［D］. 邯郸：河北工程大学，2017.

[7]　徐昕，区彤，周云，等 . BRB 消能减震结构设计中附加有效阻尼比计算方法分析研究［J］. 建筑结构，2018，48（17）：89-95.

第9章
框架结构减隔震计算结果评价

在第 6 章中分析了不同直径铅芯支座的两种隔震结构的减震效果，研究发现铅芯支座直径越大的隔震结构综合减震效果更优。在第 7 章中分析了线性与非线性黏滞阻尼器在三种布置位置的减震效果，研究发现非线性黏滞阻尼器在均匀布置时综合减震效果最优。在第 8 章中分析了人字形和单斜形 BRB 支撑在三种布置位置的减震效果，研究发现人字形 BRB 在均匀布置时综合减震效果最优。本章对上述三章综合减震效果最好的结构进行动力特性、地震反应、地震能量三个方面进行对比分析。

9.1　结构动力特性对比

抗震结构、隔震结构、黏滞阻尼器减震结构 4 和 BRB 减震结构 4 的周期对比见表 9-1，通过前三阶振型的周期对比可知：

1）隔震结构的周期相比抗震结构延长了 3 倍，说明在结构中设置隔震支座可以提高结构的自振周期，从而使结构的自振周期明显远离了场地的卓越周期，避开了地震波的高能频带，极大地减少了传递到上部结构的水平地震作用，抑制了更加严重的震害的发生。

2）黏滞阻尼器减震结构与抗震结构周期基本相同，这是因为黏滞阻尼器是速度型阻尼器，不提供额外的刚度。

3）BRB 减震结构相比于黏滞阻尼器结构的结构周期有所减小，这是因为 BRB 提供了一定的刚度。

减震结构与抗震结构周期对比　　　　　　　　　　　　　　　表 9-1

振型	抗震结构	隔震结构	黏滞阻尼器减震结构	BRB 减震结构
1	0.868	2.673	0.858	0.695
2	0.859	2.670	0.844	0.460
3	0.776	2.156	0.699	0.404

9.2　结构地震反应时程对比

9.2.1　层剪力对比

X 方向地震作用下，4 种结构的楼层剪力最大值对比见表 9-2。

地震作用下 X 方向楼层剪力最大值　　　　表 9-2

地震烈度	减震结构类型	最大楼层剪力（kN）	减震率（%）
多遇地震	抗震结构	3365	—
	隔震结构	933	72.27
	黏滞阻尼减震结构	2385	29.12
	BRB 减震结构	2776	17.51
设防地震	抗震结构	9178	—
	隔震结构	2674	70.86
	黏滞阻尼减震结构	6473	29.47
	BRB 减震结构	6683	27.18
罕遇地震	抗震结构	15603	—
	隔震结构	4891	68.65
	黏滞阻尼减震结构	13347	14.59
	BRB 减震结构	13311	14.68

1）多遇地震作用下，4 种结构的楼层剪力对比见图 9-1，通过数据对比可知：（1）在小震作用下，隔震结构的剪力减震率最高，黏滞阻尼减震结构其次，最后是 BRB 减震结构；（2）在小震作用下结构位移较小，非线性黏滞阻尼器在结构发生很小位移的情况下即可输出较大的阻尼力，其减震效果良好；（3）BRB 结构在小震作用下尚未达到屈服位移，其作用与普通钢支撑相同，仅仅提供刚度，因此其减震效果低于另外两者。

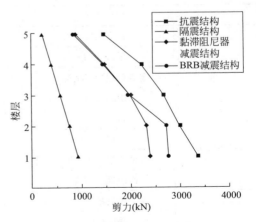

图 9-1　多遇地震（X 方向）

2）设防地震作用下，4 种结构的楼层剪力对比见图 9-2，通过数据对比可知：在中震作用下，隔震结构的减震率最高，非线性黏滞阻尼器减震结构其次，BRB 减震结构最低。

3）罕遇地震作用下，4 种结构的楼层剪力对比见图 9-3，通过数据对比可知：（1）在大震作用下，隔震结构的剪力减震率最高，BRB 减震结构其次，最后是黏滞阻尼减震结构；（2）在大震作用下，BRB 开始进入屈服耗能，耗散输入结构的大部分能量，减少结构层间剪力。

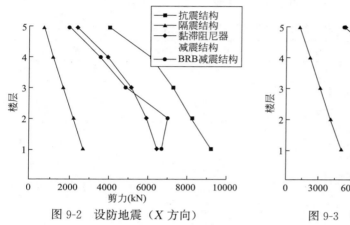

图 9-2　设防地震（X 方向）

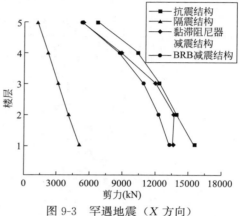

图 9-3　罕遇地震（X 方向）

9.2.2　层间位移角对比

X 方向地震作用下，4 种结构的层间位移角最大值见表 9-3。

地震作用下 X 方向层间位移角最大值　　　　　　　表 9-3

地震烈度	模型方案	最大层间位移角（×10^{-4}）	减震率（%）
多遇地震	抗震结构	20.33	—
	隔震结构	6.11	69.95
	黏滞阻尼减震结构	13.24	34.84
	BRB 减震结构	13.82	32.02
设防地震	抗震结构	55.51	—
	隔震结构	17.64	68.22
	黏滞阻尼减震结构	41.52	25.29
	BRB 减震结构	38.42	30.84
罕遇地震	抗震结构	94.17	—
	隔震结构	31.56	66.49
	黏滞阻尼减震结构	73.13	22.41
	BRB 减震结构	53.72	42.95

1）多遇地震作用下，4 种结构的楼层剪力对比见图 9-4，通过数据对比可知：（1）在小震作用下，隔震结构的位移角减震率最高，非线性黏滞阻尼器减震结构其次，最后是 BRB 减震结构；（2）隔震结构的层间位移角变化曲线平缓，没有像其他三种结构一样在二层出现突变，反映了其良好的减震效果；（3）BRB 结构在小震作用下尚未达到屈服位移，其作用与普通钢支撑相同，仅仅提供刚度，因此其减震效果低于另外两者；（4）抗震结构、隔震结构、黏滞阻尼器减震结构、BRB 减震结构的最大

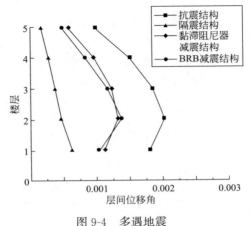

图 9-4　多遇地震

层间位移角分别为 1/491、1/1543、1/755、1/648，抗震结构大于 1/550，不满足要求，其余均小于弹性层间位移角限值 1/550。

2）设防地震作用下，4 种结构的楼层剪力对比见图 9-5，通过数据对比可知：（1）在中震作用下，隔震结构的位移角减震率最高，BRB 减震结构其次，最后是黏滞阻尼减震结构；（2）隔震结构的层间位移角变化曲线平缓，没有像其他三种结构一样在二层出现突变，反映了其良好的减震效果；（3）BRB 结构的位移角减震率与黏滞阻尼器减震结构逐渐接近，这是因为在中震作用下，防屈曲耗能支撑开始进入屈服耗能，耗散输入结构的大部分能量，减少结构层间位移；（4）抗震结构、隔震结构、黏滞阻尼减震结构、BRB 减震结构的最大层间位移角分别为 1/180、1/565、1/215、1/246。

3）罕遇地震作用下，4 种结构的楼层剪力对比见图 9-6，通过数据对比可

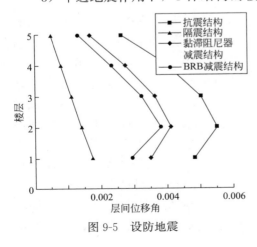

图 9-5　设防地震

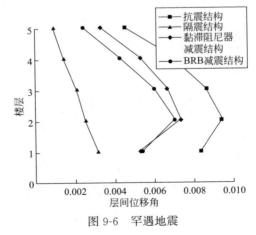

图 9-6　罕遇地震

知：（1）在大震作用下，隔震结构的位移角减震率最高，BRB 减震结构其次，最后是黏滞阻尼减震结构；（2）隔震结构的层间位移角变化曲线平缓，没有像其他三种结构一样在二层出现突变，反映了其良好的减震效果；（3）在大震作用下，BRB 开始进入屈服耗能，耗散输入结构的大部分能量，减少结构层间位移；（4）隔震结构、黏滞阻尼器减震结构、BRB 减震结构的最大层间位移角分别为 1/106、1/308、1/136、1/186，均小于弹塑性层间位移角限值 1/50。

9.2.3　层间加速度对比

X 方向地震作用下，4 种结构的层间加速度最大值见表 9-4。

地震作用下 X 方向层间加速度最大值　　　　　表 9-4

地震烈度	模型方案	最大楼层加速度(mm/s^2)	减震率(%)
多遇地震	抗震结构	2170	—
	隔震结构	494	77.24
	黏滞阻尼减震结构	1395	35.71
	BRB 减震结构	1925	11.29
设防地震	抗震结构	5918	—
	隔震结构	1161	80.38
	黏滞阻尼减震结构	3722	37.11
	BRB 减震结构	5544	6.32
罕遇地震	抗震结构	10060	—
	隔震结构	1976	80.36
	黏滞阻尼减震结构	8441	16.09
	BRB 减震结构	8640	14.11

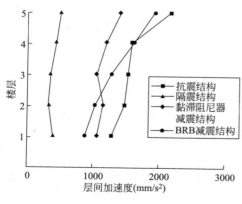

图 9-7　多遇地震

1）多遇地震作用下，4 种结构的楼层加速度对比见图 9-7，通过数据对比可知：（1）在小震作用下，隔震结构的加速度减震率最高，非线性黏滞阻尼器减震结构其次，最后是 BRB 减震结构；（2）BRB 结构在小震作用下尚未达到屈服位移，其作用与普通钢支撑相同，仅仅提供刚度，因此其减震效果低于另外两者。

2）设防地震作用下，4 种结构的楼层加速度对比见图 9-8，通过数据对比可知：在中震作用下，隔震结构的加速度减震率最高，非线性黏滞阻尼器减震结构其次，最后是 BRB 减震结构；

3）罕遇地震作用下，4 种结构的楼层加速度对比见图 9-9，通过数据对比可知：（1）在大震作用下，隔震结构的加速度减震率最高，非线性黏滞阻尼器减震结构其次，最后是 BRB 减震结构；（2）在大震作用下，BRB 开始进入屈服耗能，耗散输入结构的大部分能量，减少结构层间加速度。

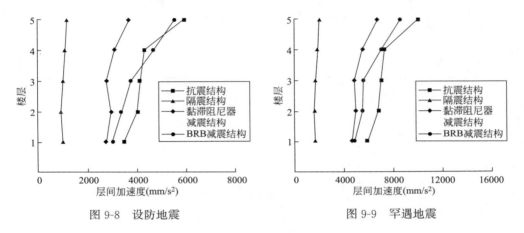

图 9-8　设防地震　　　　　　　　　　图 9-9　罕遇地震

9.3　结构地震能量对比

下面通过分析三种减隔震结构的能量时程图，以此得到三种结构的耗能能力大小。

1）多遇地震作用下，三种结构耗能见表 9-5 和图 9-10，由图表可知：（1）隔震结构耗能能力最强，黏滞阻尼器减震结构其次，最后是 BRB 减震结构；（2）隔震结构中的隔震层消耗了大部分能量，以此保证结构不受损伤；（3）BRB 支撑在多遇地震下处于弹性状态，与普通钢支撑作用相似，消耗能量有限。

三种结构耗能　　　　　　　　　　　　表 9-5

减震结构类型	总输入能量(kN·m)	耗能(kN·m)	耗能率(%)
隔震结构	173.51	138.50	79.8
黏滞阻尼器减震结构	152.19	63.98	42.0
BRB 减震结构	130.54	0.45	0.3

2）设防地震作用下，三种结构耗能见表 9-6 和图 9-11，由图表可知：（1）隔

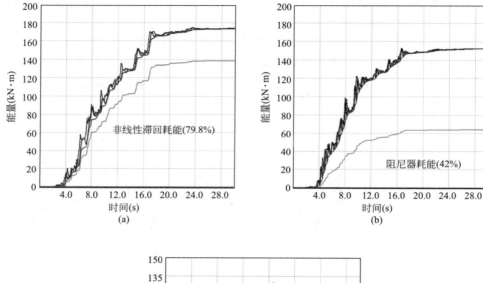

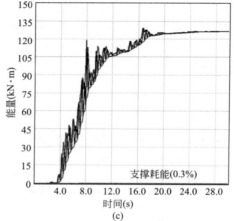

图 9-10 多遇地震作用下的结构能量时程图

(a) 隔震结构；(b) 黏滞阻尼器减震结构；(c) BRB 减震结构

震结构耗能能力最强，黏滞阻尼器减震结构其次，最后是 BRB 减震结构；（2）隔震结构中的隔震层消耗了大部分能量，以此保证结构不受损伤；（3）BRB 支撑在设防地震作用下，BRB 开始进入屈服耗能，耗散输入结构的大部分能量。

三种结构耗能 表 9-6

减震结构类型	总输入能量(kN·m)	耗能(kN·m)	耗能率(%)
隔震结构	1113.89	811.38	72.8
黏滞阻尼器减震结构	1043.01	480.98	46.1
BRB 减震结构	1074.85	398.91	37.1

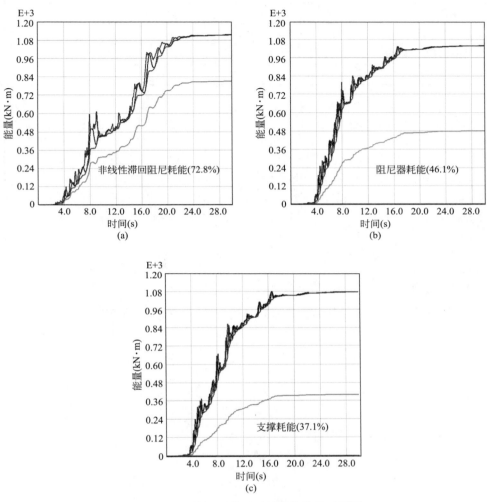

图 9-11 设防地震作用下的结构能量时程图
（a）隔震结构；（b）黏滞阻尼器减震结构；（c）BRB 减震结构

3）罕遇地震作用下，三种结构耗能见表 9-7 和图 9-12，由图表可知：（1）隔震结构耗能能力最强，黏滞阻尼器减震结构其次，最后是 BRB 减震结构；（2）隔震结构在罕遇地震下耗能能力降低，这是因为在罕遇地震作用下，地震总输入能量及隔震层滞回耗能越大，橡胶隔震反复变形耗散能量，在反复加载过程中因过热等原因而失效；（3）BRB 支撑在罕遇地震作用下，BRB 开始进入屈服耗能，耗散输入结构的大部分能量。

三种结构耗能 表 9-7

减震结构类型	总输入能量(kN·m)	耗能(kN·m)	耗能率(%)
隔震结构	3348.983	1964.12	58.6
黏滞阻尼减震结构	3221.27	1053.36	32.7
BRB 减震结构	3051.89	920.81	30.2

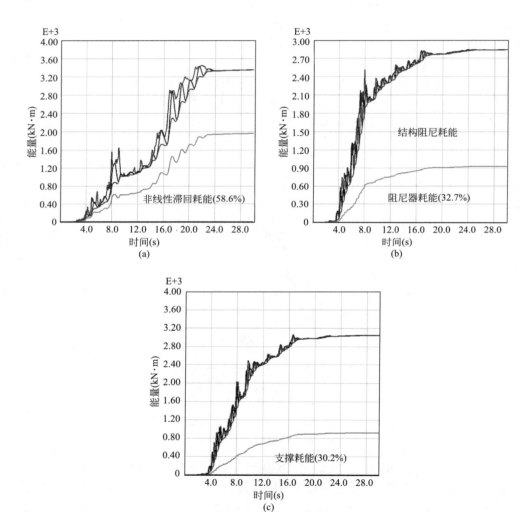

图 9-12 罕遇地震作用下的结构能量时程图

（a）隔震结构；（b）黏滞阻尼器减震结构；（c）BRB 减震结构

9.4　小结

通过对比抗震结构、隔震结构、黏滞阻尼器减震结构和 BRB 支撑减震结构 4 种结构的动力特性、地震反应和地震能量，得出以下结论：

1）通过 4 种结构的动力特性分析，发现隔震结构相比于抗震结构的前三阶振型的周期都有增加，这样可以使结构远离场地卓越周期；黏滞阻尼减震结构与抗震结构的周期基本一致，这是因为黏滞阻尼器没有增加原结构刚度；BRB 结构为原结构附加了刚度，因此，减小了原结构的周期。

2）在多遇地震作用下，隔震结构在减小地震反应上表现最好；黏滞阻尼器减震结构在减小地震反应上表现较好；BRB 减震结构在减小地震反应上相对较差，这是因为 BRB 在多遇地震下仍处于弹性阶段，与普通钢支撑无异，因此其减震效果相对较差。

3）在设防地震作用下，隔震结构在减小地震反应仍表现最好；黏滞阻尼器减震结构在减小层剪力和层间加速度上表现较好，但在减小层间位移角上不如 BRB 支撑减震结构，原因是 BRB 支撑具有一定的刚度，可以显著减小层间位移角。

4）在罕遇地震作用下，隔震结构在减小地震反应上仍然表现最好；黏滞阻尼器减震结构仅在减低层间加速度上表现稍好于 BRB 减震结构，在减少层剪力上和 BRB 支撑减震结构表现几乎一样，但在减小层间位移角上明显不如 BRB 支撑减震结构，因为 BRB 减震结构在罕遇地震阶段的弹塑性变形性大大增加，BRB 刚度减小，但其仍然具有一定的刚度，所以 BRB 减震结构的层间位移角最小。

5）从隔震结构、黏滞阻尼器减震结构和 BRB 减震结构 3 种结构的地震能量分析对比可以得出，在三种地震烈度作用下，隔震结构的耗能能力最强，黏滞阻尼器减震结构其次，BRB 在多遇地震下几乎没有耗能能力，这是因为 BRB 处于弹性阶段，仅发挥普通支撑的作用，而随着地震烈度的增加，BRB 的耗能能力逐渐增强，这是因为 BRB 逐渐进入屈服耗能阶段，随着地震烈度的继续增加，非线性黏滞阻尼器的耗能能力逐渐下降，因此在小震作用下选取非线性黏滞阻尼器的减震效果较好。